刘志明　等编著

木质素与纳米纤维素
在新材料中的研究与应用

Research and Application of Lignin and

Nanocrystalline Cellulose in New Materials

U0306957

化学工业出版社

·北京·

目前木质素、纤维素与纳米纤维素方面的研究正在成为热点。本书集中反映了作者近年来在木质素与纳米纤维素在新材料中应用的相关研究新成果与新技术，展望了高附加值应用的发展趋势。全书重点介绍了纳米纤维素在聚氨酯泡沫材料、木质素在聚氨酯泡沫材料、纤维素在凝胶材料以及纤维素在海绵材料中的应用及制备技术等。

本书适合从事生物质新材料、高分子材料与工程、化学化工、农林资源高附加值转化利用等专业领域从事研发和科研工作的技术人员参考，也可作为相关专业在校师生的参考书。

图书在版编目（CIP）数据

木质素与纳米纤维素在新材料中的研究与应用/刘志明等编著．—北京：化学工业出版社，2020.1（2022.1重印）
ISBN 978-7-122-35804-2

Ⅰ.①木…　Ⅱ.①刘…　Ⅲ.①木质素-新材料应用
②纳米材料-纤维素-新材料应用　Ⅳ.①TB3

中国版本图书馆 CIP 数据核字（2019）第 264188 号

责任编辑：朱　彤　　　　　　　　文字编辑：李　玥
责任校对：张雨彤　　　　　　　　装帧设计：刘丽华

出版发行：化学工业出版社（北京市东城区青年湖南街 13 号　邮政编码 100011）
印　　装：北京印刷集团有限责任公司
710mm×1000mm　1/16　印张 10½　字数 209 千字　　2022 年 1 月北京第 1 版第 2 次印刷

购书咨询：010-64518888　　　　　售后服务：010-64518899
网　　址：http://www.cip.com.cn
凡购买本书，如有缺损质量问题，本社销售中心负责调换。

定　　价：68.00 元　　　　　　　　　　　　　　　版权所有　违者必究

前言

我国植物纤维资源丰富。植物纤维富含木质素、纤维素。近年来，有关木质素、纤维素的研究成为热点，尤其是有关碱木质素的精制及其利用，特别是在环境友好材料的开发和利用方面，具有较好的市场开发潜力。

纤维素（cellulose）是地球上储量最丰富的天然高分子聚合物，它的生物降解性强、可循环再生。但目前纤维素资源的利用率较低，一般采用物理、化学或其他方法得到的纳米纤维素通常其横截面尺寸（直径）在 $1\sim100$nm 之间，具有很好的开发潜力。木质素（lignin）广泛存在于植物体中，在自然界中的储量仅次于纤维素，是由 3 种苯丙烷单元通过醚键和碳碳键相互连接形成的具有三维网状结构的一种天然高分子聚合物，具可再生、可降解等优点，被视为优良的绿色化工原料。

本书共分 5 章。其中第 1 章为绪论，第 2 章为纳米纤维素在聚氨酯泡沫材料中的应用，第 3 章为木质素在聚氨酯泡沫材料中的应用，第 4 章为纤维素在凝胶材料中的应用，第 5 章为纤维素在海绵材料中的应用。本书综合了作者近年来有关木质素与纳米纤维素在新材料中的应用研究成果，旨在为从事生物质新材料、化学化工领域的科研人员提供参考，也可作为相关专业研究生的教学参考书。

本书由东北林业大学刘志明等编著。东北林业大学材料科学与工程学院周家兴、李婧、刘建初、刘洁参与了本书的编写工作。全书由刘志明教授负责统稿。本书的研究工作得到了国家重点研发计划项目（2017YFD0601004）、林业公益性行业科研专项（201504602）、国家自然科学基金项目（31070633）和黑龙江省自然科学基金项目（C2015055）的资助。

特别感谢化学工业出版社对本书撰写、出版的支持和帮助。在本书撰写过程中，作者引用了许多珍贵的数据和资料，在此向这些论著的作者们表示由衷的感谢！

限于作者水平和时间，书稿疏漏、不妥之处在所难免，恳请广大读者批评指正。

编著者
2019 年 9 月

目录

第3章　木质素在聚氨酯泡沫材料中的应用 / 039

第4章　纤维素在凝胶材料中的应用 / 069

第5章 纤维素在海绵材料中的应用 / 105

参考文献 / 143

第1章

绪论

1.1 木质素在聚氨酯泡沫材料中的应用

1.1.1 木质素简介

木质素（lignin）是自然界中储量仅次于纤维素的第二大天然高分子聚合物，多为无定形多酚三维网状结构[1,2]，具可再生、可降解、无毒性等优点，被视为优良的绿色化工原料[3]。木质素中一般含有愈创木（愈疮木）基丙烷（G）、紫丁香基丙烷（S）和对羟苯基丙烷（H）3 种结构单体，如图 1-1 所示，这 3 种结构单体中均含有活泼的羟基结构，为其应用提供了可能性。植物骨架中的主要成分是木质素、纤维素和半纤维素，木质素的含量仅次于纤维素。造纸废液是木质素的主要来源，我国每年造纸废液的产量高达 500 万吨，占全世界造纸废液的六分之一。但目前对于木质素的利用还仅局限于浓缩后的焚烧处理，比例在 95％以上，这不仅造成了资源极大的浪费与损失，对环境的污染也在日益加重。因此，从资源利用以及环境治理两方面来看，利用木质素生产出高附加值产品有重要意义[4]。

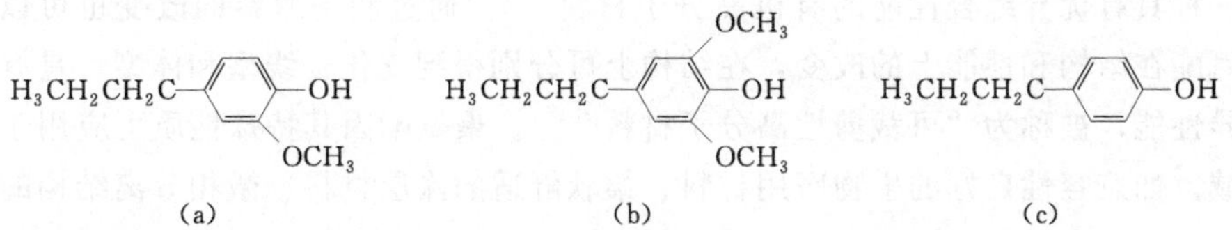

$H_3CH_2CH_2C$ ──OH
OCH_3

(a)

OCH_3
$H_3CH_2CH_2C$ ──OH
OCH_3

(b)

$H_3CH_2CH_2C$ ──OH

(c)

图 1-1　愈创木基丙烷结构单体　(a)、紫丁香基丙烷结构单体　(b) 和对羟苯基丙烷结构单体　(c) 的对比

木质素的研究主要集中在以下方面：乳化溶剂法制备均匀的球形、粒径分布窄的木质素微球（ESE）技术[5]。生物可再生聚合物以其生物相容性、生物降解性和

生产成本低成为了传统金属和有机材料的替代品。木质素可以通过不同的化学反应改性，有不同种类的化学修饰，如木质素解聚或碎片，通过合成新的化学活性位点的修饰、羟基基团的化学修饰和木质素接枝共聚物。木质素可应用于不同的工业和医学领域，包括生物燃料、化学品、聚合物和纳米材料等。木质素也可应用于抗氧化剂、紫外线吸收剂和抗菌剂等领域，也可作为复合材料的增强剂以及在生物医学应用的药物和基因载体等[6]。在过去的几十年中，可持续和可再生资源的需求大大增加。木质素是一个三维的非晶态聚合物，主要见于木本树种的细胞壁，天然的、可再生的生物质资源作为高附加值的化工原料，具有潜在的开发价值。对有机溶剂、离子液体等木质素的各种溶剂的研究应用，进一步拓宽了木质素的应用领域[7]。如将无毒和低毒试剂用于木材的绿色生物炼制（H_2O_2、水、乙酸、乙醇、正丁醇）和固体催化剂 TiO_2 等[8]。木质素在普通溶剂中的溶解度很低，限制了木质素分离以及木材及其增值产品的转换[9]。通过使用褐铁矿催化剂和不使用溶剂的加氢处理木质素残留液，提高了木质素作为生物基平台化学品的来源的可行性[10]。木质素是一种复杂的芳香族杂聚物，具有巨大的应用潜力，可作为生产化学品、生物燃料和材料的基础。在生物质制品经济中，木质素通过解聚成单体和将这些单体升级成目标化品是极具挑战性的，但它对化学工业具有重要意义。木质素通过碱性氧化、快速热解、氢解和水解等方法，可以得到酚醛和酚类物质。生物和化学催化途径是木质素单体到目标大宗化学品以及精细化学品的新的升级方法[11]。木质素具有多酚结构，作为潜在的可再生原料可生产芳烃生物基化学品[12]。在生物炼制的背景下，研究人员通过酸催化乙醇有机溶剂对木质素可能的应用进行了研究[13]。

1.1.2　实验设计

聚氨酯（polyurethane）全称为聚氨基甲酸酯，由异氰酸酯和聚醚多元醇或多元胺逐步聚合反应制备而成，具有—NHCOO—基团的较高化学作用力聚合物链段，是一种具有优异综合性能的有机高分子材料[14]。通过制备原料的改变也可以实现聚氨酯在结构和性能上的改变，在结构上可分别得到支化、线型和体型，具有多种优异性能，被称为"可裁剪性高分子材料"[15]。聚氨酯因其特殊性质可应用于各个领域，如兼容性良好的生物医用材料、柔软舒适的涂层材料、微相分离结构的弹性体等，在其产品中应用最主要、用途最广、用量最大的是聚氨酯泡沫材料，在聚氨酯材料制品中占有率近 80%，约占全球聚合物泡沫市场的 53%[16,17]，被誉为"第五大塑料"[18]。聚氨酯泡沫材料有 3 种较常见的划分方法，根据泡沫力学强度大小可分为软泡、半硬泡和硬泡 3 种；根据泡孔形态结构可分为开孔泡沫和闭孔泡沫；根据泡沫密度高低可分为低发泡泡沫、中发泡泡沫和高发泡泡沫。其中，硬质聚氨酯泡沫材料是以泡孔结构堆积成型，形成在弹性形变中应力-应变比值的大小在 7×10^8 以上，闭孔率在 90% 以上的空间网状高分子材料[19]，具有重量轻、热导率低、比强度大、绝缘性能好、隔声防震等优点，且发泡工艺操作简单，泡沫成型较快，反应条件要求低，较适用于工业生产，属于可再生能源，因此在国内外均被广泛应用于建筑保温材料中[20,21]。

聚氨酯泡沫材料主要由具有高活性的异氰酸酯与多元醇中的羟基或氨基反应来制得，而且由于异氰酸酯的高活性导致其能与大部分含有活泼氢的化合物发生聚合反应，所以在合成过程中会发生以下主要化学反应，其化学反应方程式为[22]：

（1）异氰酸酯基与羟基的反应（图 1-2）

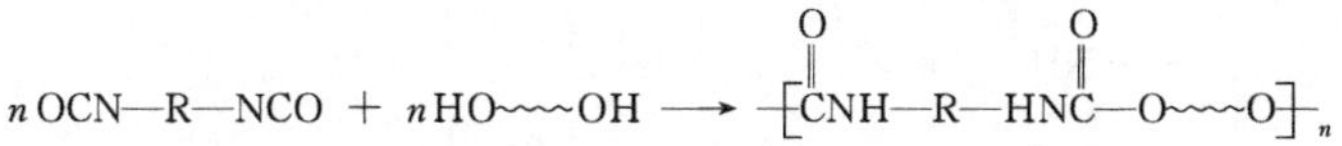

$$n\,OCN—R—NCO\ +\ nHO \text{\sim\sim\sim} OH \longrightarrow \left[\overset{O}{\overset{\|}{C}}NH—R—HN\overset{O}{\overset{\|}{C}}—O \text{\sim\sim\sim} O \right]_n$$

图 1-2　异氰酸酯基与羟基的反应

此反应为聚氨酯合成的主要反应，为链增长反应，可生成长链大分子。反应中碳-氮键加成，形成聚氨酯中独特的氨基酯结构。

（2）异氰酸酯基与水的反应（图 1-3）

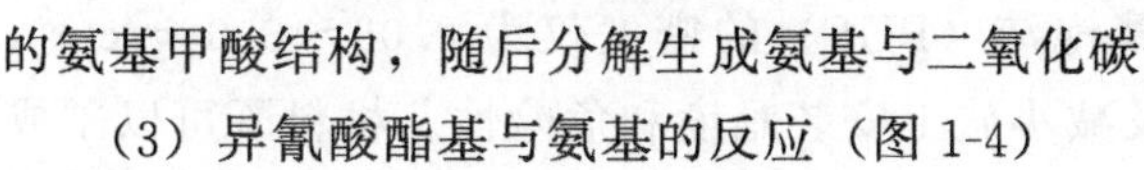

$$\text{\sim\sim\sim} NCO\ +H_2O \longrightarrow \text{\sim\sim\sim} \overset{H}{N}COOH \longrightarrow \text{\sim\sim\sim} NH_2\ +CO_2 \uparrow$$

图 1-3　异氰酸酯基与水的反应

水中的活泼氢与异氰酸酯基中的不饱和碳-氮双键发生加成反应，生成不稳定的氨基甲酸结构，随后分解生成氨基与二氧化碳气体，为发泡提供气源。

（3）异氰酸酯基与氨基的反应（图 1-4）

$$\text{\sim\sim\sim} NCO\ +\ \text{\sim\sim\sim} NH_2 \longrightarrow \text{\sim\sim\sim} HN—\overset{O}{\overset{\|}{C}}—NH \text{\sim\sim\sim}$$

图 1-4　异氰酸酯基与氨基的反应

上一步的反应生成物中的氨基继续与异氰酸酯基发生加成反应，进一步生成脲基。

（4）异氰酸酯基与氨基甲酸酯的反应（图 1-5）

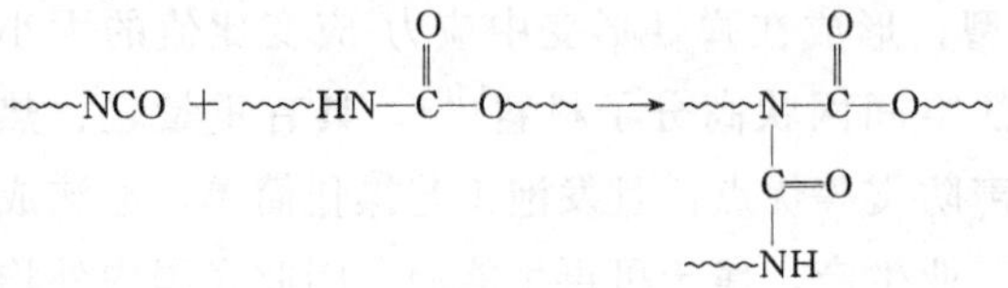

图 1-5 异氰酸酯基与氨基甲酸酯的反应

一部分氨基甲酸酯中的氢原子与异氰酸酯基反应，生成脲基甲酸酯。

（5）异氰酸酯基与脲基的反应（图 1-6）

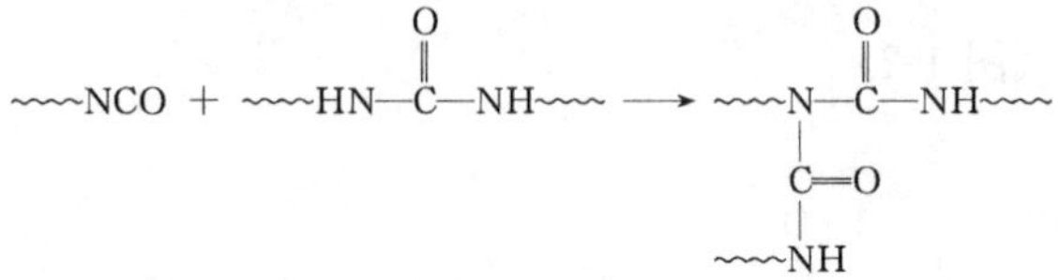

图 1-6 异氰酸酯基与脲基的反应

反应中脲基进一步与异氰酸酯基反应，生成缩二脲。

在聚氨酯泡沫反应并成型的过程中，可分为三个阶段。①气泡产生阶段。图 1-3 反应中生成 CO_2，为反应提供气源，随反应进行气体逐渐增多，促进气泡形成。②泡孔长大阶段。上述几种反应放热，同时气泡间相互渗透，从而使气泡逐渐增大。③泡孔稳定阶段。气体膨胀、体积变大导致浓度变小、压强变小，图 1-2、图 1-4 反应为链增长反应，使链段分子量增大、黏度增大，同时图 1-5、图 1-6 反应属于凝胶反应，也能形成交联度大的空间结构，以上与气体膨胀相互作用达到平衡时，气泡则停止膨胀，泡孔边缘形成非流动性质的固化层，从而得到稳定泡孔尺寸[23]。

聚氨酯泡沫材料拥有多种优秀性能，能广泛应用到各个行业和领域之中：

① 密度小，形状可控。聚氨酯泡沫（PUF）的密度仅为 $0.03 \sim 0.06 g/cm^3$，可以极大地节省运输成本[24]，以及减小施工安装难度和危险性。材料既可以预成型，也可以现场喷涂成型；形状可由模具来控制，节省制作成本。

② 优秀的隔热性能、黏结性能和耐老化性能。在常见材料中，热导率与蓄热系数远低于其他材料，隔热性能优良。对基材的附着性能优异，可连续施工，在加以基本的防护后，可使用年限在 15 年以上[25,26]。

③ 反应工艺简单，操作方便且合成、发泡成型快，易于实现工业化和快速生产与定制生产的目标。

所以，基于以上聚氨酯材料的优秀性能以及可再生性，使其能够逐渐替代日益枯竭的化石资源，成为人们日常生活中较为常见的材料，被广泛地应用到航天、汽车、轮船、玩具、医疗、建筑等各个领域中。其中，应用最多的是保温材料，如建筑物、储罐及管道等保温材料，冷库、冷藏车等绝热材料，冰箱等绝热层，当然还有仿木材、包装材料等非绝热场合。

随着全球以化石资源为基础的能源短缺问题日益严重，利用生物可再生资源部分代替石油化工类原料，制备生物质基高分子材料成为近些年来的研究热点。木质素作为自然界中含量仅次于纤维素的天然高分子物质，由于其结构单元上含有大量醇羟基、酚羟基、羰基等基团，使得木质素被广泛应用到聚氨酯、酚醛树脂、环氧树脂等材料的合成与改性中，尤其是其中活泼的醇羟基与酚羟基易与异氰酸酯反应，所以将木质素作为聚氨酯多元醇组分之一，制备聚氨酯材料受到了学者的广泛关注[27-29]。

Ciobanu 等[30] 将不同量的木质素加入异氰酸酯封端的聚氨酯聚合物与 N,N-二甲基酰胺的混合液中，浇注于平板上待溶剂蒸发后固化制得聚氨酯薄膜。研究结果表明，木质素的加入量以及聚氨酯的软段结构能够决定木质素聚氨酯薄膜的性能。

Amaral 等[31] 利用一种特殊的木质素和引杜林（Indulin）木质素与异氰酸酯反应制备硬质聚氨酯泡沫（RPUF）材料，然后对其采用真菌降解研究。研究结果表明，有无真菌的情况下醚键均没有发生断裂，但氨基甲酸酯键发生了断裂，且 PUF/木质素材料的降解速度快。

Xing 等[32] 用 $POCl_3$ 改性木质素，并将其作为阻燃剂制备阻燃 PUF 材料。实验结果表明，随着改性木质素含量的增加，泡沫的极限氧指数（LOI）值不断提高，燃烧的热释放速率与总热释放量降低，且残炭量增加，阻燃性能得到明显改善。

本课题组前期对于木质素聚氨酯泡沫材料的制备及其性能已经进行了一定研究，靳帆等[33,34]用木质素与异氰酸酯反应制备聚氨酯膜。研究结果表明，加入木质素后聚氨酯薄膜的耐热性能明显增加，而且减慢了在紫外线与高温老化环境过程中的断裂拉伸率下降速度并显著提高了保留率。于菲等[35,36] 采用工业碱木质素为原料，通过精制以及用环氧氯丙烷改性后得到精制改性木质素，进一步制备碱木质素基聚氨酯泡沫材料。实验结果表明，在用精制木质素制备，且添加量为聚醚多元醇量的 15％时，聚氨酯泡沫材料的各项力学性能良好；再用改性木质素制备，所制得的 PUF 在力学性能上较精制木质素制备的 PUF 均有所加强。因此，将木质素部分替代聚醚多元醇应用到聚氨酯泡沫材料中，可初步改善材料的力学、阻燃性能，可以制备出一种具有生物可降解性的碱木质素基聚氨酯泡沫材料。这也是目前国内外研究的热点，具有广泛的应用前景。

在近些年的研究中，聚氨酯泡沫材料凭借其热导率低、强度高、黏结性强、密度小及工艺操作简单等优点，目前已作为保温隔热材料和结构承重材料被广泛应用于建筑材料、航空、石油管道等诸多领域[37,38]。然而由于 PUF 含有具有可燃性的碳氢链段且含有较大的比表面积，未经过阻燃改性的 PUF 材料极易燃烧，极限氧指数仅为 19% 左右，属于易燃材料，在燃烧的过程中会产生一定量的 HCN、CO 等毒性烟气，对人体造成危害[39]。此外，近几年来因墙体保温材料失火而引起的几起重大火灾，对财产与人身安全造成了极大的威胁，这些因素都极大限制了 PUF 材料更广泛的应用，所以对于聚氨酯泡沫材料的阻燃研究在国内外一直都是重点[40-42]。

PUF 在空气中的燃烧过程一般分为以下 3 个阶段：①PUF 材料与热源接触，并在热源的作用下温度逐渐升高，达到一定温度后，分子主链中的氨基甲酸酯链段断裂，开始热分解、降解并逐渐产生烷烃、烯烃、氢气等可燃性气体；②在第一阶段产生可燃气体膨胀，接触到外界助燃气体后随即发生燃烧反应，放出大量热和烟雾[43,44]；③第二阶段中放出的大量热量堆积，进而反作用于热降解过程，促进可燃气体的产生，直至 PUF 材料完全燃烧，反应结束[45]。所以，对于 PUF 材料的阻燃研究可以针对以上反应阶段来进行，能够中止其中一到两个阶段即可达到阻燃效果。

一般来说，阻燃主要是在气相或凝聚相发挥作用[46]。对于高分子材料的阻燃，最重要的是阻碍自由基链式反应[47]，其作用主要基于以下反应机理：

（1）冷却降温[48]　阻燃剂受热分解吸收大量热，同时在分解后产生水汽化同样能够吸热降温，降低可燃物周围温度，抑制可燃物分解反应的进行。如氢氧化铝、硼酸类阻燃剂的阻燃作用主要以冷却降温为主。

（2）覆盖阻隔[49]　阻燃剂在受热时会发生热分解，生成致密的薄膜包覆在可燃物表面，阻止可燃物内部与外界的热量传导、可燃物与助燃气体的接触等；或者阻燃剂作用于可燃物，使可燃物表面脱水炭化，形成一层致密的碳层，同时具有隔绝热量、隔绝气体的作用，达到阻燃目的。

（3）稀释作用[50]　在燃烧过程中，阻燃剂热分解产生 N_2、CO_2、H_2O 等不燃性气体，降低 PUF 热分解产生的可燃性气体与氧气的浓度，减缓甚至抑制燃烧反应的进行。如卤系阻燃剂、氢氧化铝等，受热时均可分解生成不燃性气体以达到阻燃效果。

（4）自由基捕捉[51]　燃烧时会产生大量的·OH 自由基和·H 自由基，为自由基链式反应的重要高活性基团。阻燃剂热分解时产生的基团能有效捕捉·OH 自由基和·H 自由基，将其转化成稳定物质，从而促进链反应终止。

（5）转移催化　阻燃剂作用于可燃物时，使其热分解反应发生改变，减少了可燃性气体的生成，从而达到阻燃作用。

目前，添加型阻燃和反应型阻燃是对聚氨酯泡沫材料阻燃改性的两种主要方法[52]。在聚氨酯的阻燃改性中，反应型阻燃是通过添加具有阻燃性能的原料通过异氰酸酯或者多元醇引入阻燃元素或基团，从而实现分子链上的阻燃改性。虽然改性后分子间化学作用力较强，具有不易发生元素或基团的迁移或脱落、阻燃剂用量少、保持原材料的力学性能等优点，但由于该项技术较为复杂、成本较高、对设备要求较高、阻燃剂的制备需要花费大量时间，所以目前使用得较少[53-55]。

张汪强等[56]制备了反应型磷氮复合多元醇，将其作为反应型阻燃剂部分代替聚醚多元醇，制得阻燃硬质泡沫。实验结果表明，此多元醇阻燃剂的加入有利于提高泡沫的力学、热学和阻燃性能，且对热导率没有明显的不利影响。

Yanchuk等[57]合成了烷基磷酸酯盐阻燃剂，并进一步发泡制备硬质聚氨酯泡沫材料。实验结果表明，随着烷基磷酸盐用量的增加，泡沫越不容易被点燃，燃烧时间也越长，在离开热源后火源会迅速熄灭。

Sivriev等[58]也对比了一系列含磷、含氮的多元醇化合物应用在硬质聚氨酯泡沫材料制备后，材料表现出的一些性能的变化。结果表明，经过上述含磷、含氮的多元醇化合物改性的泡沫材料的极限氧指数上升，表现出更好的耐火性能，而且不会显著恶化材料的力学与隔热性能。

Li等[59]用蓖麻油与甘油反应制备了蓖麻油多元醇（COP），并将其部分替代多元醇反应制备硬质聚氨酯泡沫材料。研究结果表明，COP含量在50%以下时，泡沫的性能表现优异，其发泡率提高，压缩性能以及尺寸稳定性均良好。

李兆星等[60]以三聚氰胺∶双氰胺∶尿素＝6∶2∶1的比例制备出阻燃聚合物聚醚多元醇，进一步发泡制备阻燃PUF。实验结果表明，上述泡沫具有LOI值高、生成烟量少、材料均匀和力学性能好等优点。

Modesti等[61]分别合成了含有2个与6个羟基的环三磷腈，将其均应用于阻燃PUF材料。研究结果表明，随着环三磷腈量的增加，泡沫的热稳定性显著提高，燃烧行为得到了改善，特别是对于含有2个羟基环三磷腈的泡沫。

Paciorek-Sadowska等[62]用尿素与硼酸衍生物合成了含硼的多元醇化合物，进一步应用到聚氨酯泡沫材料中。实验结果表明，上述合成泡沫在燃烧和力学性能上均有所提升，而且随着含硼多元醇化合物量的增加，压缩强度增加，材料也能达到自熄级别。

Wazarkar等[63]通过使用三氯氧磷和 N-甲基氨基乙醇合成具有活性的含磷三元醇化合物，应用到聚氨酯材料中。实验结果表明，该材料具有良好的力学性能与阻燃性能，而且在最佳性能时的 LOI 值为37%。

添加型阻燃剂是最早使用，又为当前最广泛应用的阻燃方法。阻燃剂本身均匀地分散在泡沫基体中，不与气体组分发生反应，而且工艺简单、所需成本低廉，可供选择的种类多[64]。目前添加型阻燃剂可分为无机类阻燃剂与有机类阻燃剂。无机类阻燃剂主要为硼、硅、镁、铝等的氧化物、氢氧化物以及单质，有机类阻燃剂则是磷、氮、卤素等的有机化合物。所以，在众多添加型阻燃剂中的选择就显得尤为重要，要考虑到与 PUF 的兼容性问题，以及对 PUF 力学性能和阻燃性能的影响。

（1）有机添加型阻燃剂　有机添加型阻燃剂是带有阻燃元素的有机化合物，其中以氮和磷元素为主。具有用量少、阻燃效率高、与 PU 的分散性较好等优点，但是也存在稳定性不高、易发生迁移等缺点。国内外学者在这方面也做了诸多研究。

王培文等[65]将三聚氰胺加入 PUF 材料的合成发泡中。结果表明，三聚氰胺的加入能够增加炭层厚度，阻碍燃烧反应的进行，显著提高材料的阻燃性能。当三聚氰胺的加入量为 6％时，材料的阻燃性能和消烟性能达到最好。

Wu 等[66]合成了甲苯胺螺环季戊四醇二磷酸酯这种新型的膨胀型阻燃剂，并用其来制备阻燃 RPUF 材料。实验结果表明，其与 RPUF 有良好的相容性且对其他性能的影响较小。当其质量分数为 30％时，LOI 值为 26.5％，达到 UL-94V-0 等级。

Chen 等[67]使用磷酸三甲苯酯作为阻燃剂制备阻燃聚氨酯泡沫复合材料。实验结果表明，磷酸三甲苯酯的加入能提升复合材料烧时的成炭能力，使其具有优良的阻燃性能。此外，磷酸三甲苯酯也能极大地减少含有—NCO 基团毒性气体的释放，增加不可燃气体 CO_2 的排放。

König 等[68]合成了一种新型磷阻燃剂（FR）9,10-二氢-9-氧杂-甲基磷苯并芘-10-氧化物（甲基-DOPO），已应用到聚氨酯泡沫材料中，反应式如图 1-7 所示。研究显示，发生燃烧反应时，甲基-DOPO 分解会释放出 HPO、CH_3PO 或 PO_2 等物质，这些物质能够清除火焰自由基链反应中的·H 和·OH 自由基，从而能显著提高 CO/CO_2 比例。

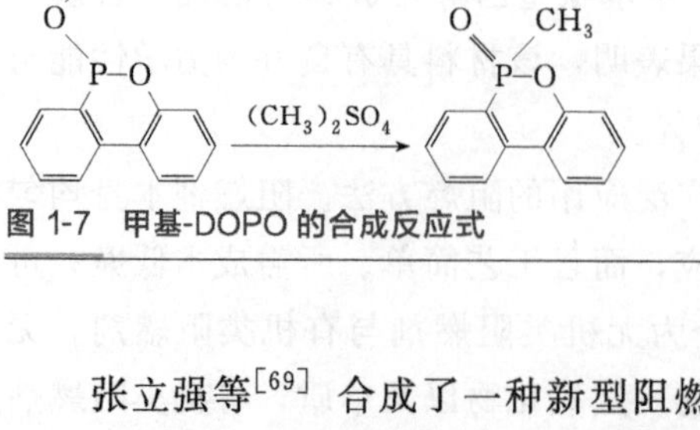

图 1-7　甲基-DOPO 的合成反应式

张立强等[69]合成了一种新型阻燃剂 9,0-二氢-9-氧杂-10-磷杂菲-10-氧化物-4-[（苯胺）甲基]苯（DOPO-FR），并用其进一步制备 PUF 材料。结果表明，DOPO-

FR 的加入提高了 PUF 材料的压缩强度和阻燃性能，而且当添加量为 20% 时，PUF 材料的 LOI 值达到了 24.7%。此外，DOPO-FR 的加入也提高了泡沫的热稳定性。

秦桑路等[70] 研究了磷酸三氯乙酯（TCEP）对 RPUF 阻燃性能的作用与反应原理。结果表明，随着燃烧的进行，TCEP 快速分解，RPUF 燃烧会产生致密炭层，阻止材料的进一步燃烧，延缓材料分解，达到阻燃的效果。

（2）无机添加型阻燃剂　无机添加型阻燃剂的主要阻燃机理为燃烧过程中其受热分解带走大量热，使体系温度下降，抑制进一步燃烧，达到阻燃效果。其具有热稳定性好，不易挥发，分解后产生物质大部分无毒无害，生烟量低等优点；而且来源广泛，成本较低，较适合工业生产。但是其与泡沫基体的相容性差，过量加入时可能会对 PUF 材料的其他性能产生影响。

① 氢氧化物阻燃剂　氢氧化铝（ATH）是目前无机型添加剂中应用比较广泛的一种。Pinto 等[71] 将阻燃剂 $Al(OH)_3$ 应用于 RPUF 中，通过实验表明，随着 ATH 含量的不断加大，材料的阻燃效果逐步增强，70 份阻燃剂添加量时阻燃级别达到了美国 UL-94 标准的 V-0 级，但是泡沫的力学性能显著恶化。陶亚秋等[72] 将 ATH 作为阻燃剂制备 RPUF 材料。结果表明，ATH 提高了 RPUF 的阻燃性能，而且阻燃性能随着 ATH 含量不断增加而明显提高。刘源[73] 用微米级 ATH 作为添加剂，采用"一步法全水发泡法"制备 RPUF 材料。研究结果显示，随着 ATH 添加量增加，复合材料泡孔尺寸明显减小且压缩强度、硬度、密度得到显著提高，但添加过量后力学性能急剧下降，到 216phr❶ 后，无泡孔结构生成。

② 氮-磷系阻燃剂　单质红磷也能够改善 PUF 材料的阻燃性能。马蕊英等[74] 制备了微胶囊红磷（MF-MRP），并将其作为阻燃剂应用到 PUF 中。实验结果表明，其对 PUF 的阻燃主要在凝聚相时发生作用，生成致密的炭层，极限氧指数提升明显，改善了 PUF 的阻燃性能。此外，薄宪明等[75] 也证明了其与阻燃剂氢氧化铝或三氯乙基磷酸酯复配混合使用，具有良好的协同效果。

聚磷酸铵（APP）是一种无机聚磷酸盐，作为阻燃剂广泛应用在大量聚合物材料中。Duquesne 等[76] 将 APP 用于 PUF 的阻燃改性中。研究发现，得到的复合材料的阻燃性能明显改善，但热稳定性下降了。进一步研究发现，次磷酸铵水解会产生偏磷酸、磷酸等，会加速 PU 的分解，但分解产物能在 PU 表面形成致密的氧化物薄膜，阻止物质和能量的传递，从而抑制材料进一步燃烧，达到阻燃目的。王一帆等[77] 运用微胶囊技术，以 APP 作为芯材，氢氧化铝（ATH）与三聚氰胺甲醛树脂预聚体（MF）作为壁材制成微胶囊，进一步以微胶囊处理后的 APP 采用一步发泡法制备 RPUF。实验结果表明，PU/ATH-APP 与 PU/MF-APP 的极限氧

---

❶ phr 表示每 100 质量份树脂所需配料的质量份数。

指数分别提升到 25.5％与 26.3％，具有更好的热稳定性与更高残炭量。在较低添加量的情况下，UL-94 垂直燃烧等级就能够达到 V-0 级别，有效地提高了聚氨酯硬质泡沫的阻燃性能。

次磷酸铝（AHP）不含卤素，受热时不产生有毒气体，含磷量为 41.89％时，具有热稳定性和水解稳定性好，加工时不引起聚合物分解等优点。杨旭锋等[78] 以一水次磷酸钠和十八水硫酸铝按 7.5：1 的摩尔比，在 90℃下反应 3h，制得高效阻燃剂 AHP；并用制得的 AHP 合成新型阻燃 RPUF 进行研究。从结果中得出，加入 RPUF/AHP 材料所测得的 LOI 值可以达到 30％。唐刚[79] 制备聚乳酸/ AHP 复合阻燃材料，结果发现，加入 20％的 AHP 即可使复合材料的 LOI 迅速提高并同时达到 VL-94 V-0 级别。锥形量热以及 MCC 测试分别可从宏观和微观两个方面证明加入 AHP 后能明显降低材料的热释放速率，提高材料的阻燃性能。

③ 膨胀阻燃剂　近些年随着卤系阻燃剂因其燃烧产生大量有毒气体而退出舞台，膨胀阻燃剂（IFR）应运而生。膨胀阻燃剂可分为物理膨胀阻燃剂与化学膨胀阻燃剂两种。前者是以膨胀石墨（EG）为主；后者较为常见，大部分阻燃剂均为化学膨胀阻燃剂。膨胀阻燃体系主要分为以下部分。a. 炭源。在燃烧过程中脱水炭化，受热后与酸反应形成连续致密的炭层，起到成炭剂的作用。b. 气源。在受热时分解产生大量无毒气体，迅速膨胀使熔融化合物形成多孔泡沫炭层，起到发泡剂的作用。c. 酸源。在受热时生成有机酸促进炭源脱水炭化。膨胀阻燃剂具有众多优点，使其逐渐被学者重视。

Thirumal 等[80] 探究了不同粒度的 EG 作为阻燃添加剂制备的水发泡 RPUF 材料的阻燃性能。结果显示，随着 EG 添加量的增加，PUF 的力学性能下降，吸水率增加，绝缘性能下降，阻燃性能得到提升。相较而言，其力学性能随粒度越小所受影响也越小。Tarakcılar 等[81] 将聚磷酸铵（APP）与季戊四醇（PER）混合合成膨胀阻燃剂（IFR），进一步合成制备硬质聚氨酯泡沫材料。研究结果表明，膨胀阻燃剂的添加能降低材料最大热分解速率。当 APP：PER＝2：1 时，阻燃剂效果最好，对导热性和抗压强度影响较小，性能达到最佳。

（3）协效复配阻燃剂　随着膨胀阻燃剂的一些缺点逐渐显现出来，如阻燃效率低、用量大、与高分子相容性差等，对于阻燃剂间的各种协同作用的研究也逐渐兴起，对阻燃协效应的研究与应用逐渐得到了国内外学者的广泛重视。阻燃协效作用的机理主要有协同成炭作用、催化成炭作用和改变炭层结构作用等，所以阻燃协效剂在体系中可能具有一种甚至几种协效机理，因此对于阻燃协效剂的研究有重要意义。

Bian 等[82] 将可膨胀石墨（EG）与中空玻璃微球（HGM）协效复配通过浇注成型制备硬质聚氨酯泡沫材料，探究其力学性能和阻燃性能。结果表明，加入质量分数为 10％的 HGM 和 20％的 EG 的复合材料具有最好的阻燃性能，其极限氧指数达到 30%。

Feng 等[83] 制备了基于甲基膦酸二甲酯（DMMP）和膨胀石墨（EG）体系的高效无卤阻燃 RPUF，并进行了研究。研究结果表明，DMMP/EG 系统显著增加残余焦炭的产率，并大幅降低放热率峰值、放热率、总放热量、总排烟量和 CO 的生成量。当两种阻燃效果相结合后，DMMP/EG 阻燃体系比其中一种具有更好的阻燃效果，显示出优异的气体凝聚双相协同效应。

毛晓琪[84] 将甲基膦酸二甲酯与尿素协效复配阻燃剂加入 PUF 中。研究结果表明，二者存在多方面的协同效应，当甲基膦酸二甲酯与尿素质量比为 10∶30 时，阻燃 PUF 材料的泡孔结构、压缩强度以及阻燃性能均达到最佳。

Xu 等[85] 采用一步法制备了膨胀石墨（EG）和次磷酸铝（AHP）协效的阻燃聚氨酯硬泡复合材料。研究结果表明，EG 和 AHP 在 RPUF 复合材料中存在协同作用，在 RPUF 复合材料中加入 EG 和 AHP 可以形成覆盖泡沫表面紧密和强的"蠕虫状"焦炭层，作为防止传热和传质的物理屏障，导致延迟的完全燃烧材料起到阻燃作用。当 EG 和 AHP 的总添加量质量分数为 20% 时，EG 与 AHP 的质量比为 3∶1，复合材料的 LOI 值达到最高。

高苏亮等[86] 将膨胀石墨（EG）分别与 IFR 进行复配，进一步应用到 PUF 材料中，探究其 PUF/IFR/EG 材料的各项性能。结果表明，添加阻燃剂后均能提高燃烧后的成炭量，与泡沫的相容性增强，阻燃效果显著提升。随着添加量逐渐增多，LOI 值不断上升，而且高于阻燃剂的单独使用，表明 EG 与 IFR 具有一定的协效作用。

综上，磷系阻燃剂、膨胀阻燃剂与阻燃协效体系均能够有效改善 PUF 材料的阻燃性能，但是添加量较大时，对材料的力学性能影响较大等问题一直是有待攻克的难题，因此对于新型阻燃剂与协效剂的研究仍然是重点。

近些年来，聚氨酯泡沫材料（PUF）因其重量轻、比强度大、热导率小等优良特性，被广泛用于建筑保温材料。但是在给人们带来方便快捷的同时，由于聚氨酯硬泡分子链中的碳氢分子链段分布较广，而且密度较小、比表面积大、泡孔较多等，均会导致 PUF 材料极易燃烧。众多大型建筑相继发生过火灾，很多是因建筑外墙保温材料着火而引起，造成了严重的人员伤亡和财产损失，这也让建筑外墙保温材料的防火安全性成为人们关注的焦点。因此，聚氨酯材料的阻燃方向研究已成为亟待解决的重要课题。

木质素作为自然界中含量仅次于纤维素的天然高分子物质，具备生物再生性。由于其结构单元上含有大量醇羟基、酚羟基、羰基等基团，可以充分利用其中活泼的醇羟基与酚羟基与异氰酸酯反应来制备聚氨酯材料，使材料具有更高的耐热、耐燃性能。此外，膨胀阻燃剂（IFR）与次磷酸铝是近些年来应用较广泛的新型阻燃剂，具有性能优异、对环境友好、无卤无毒等优点，在应用到高分子材料中时展现出了优异的阻燃性能，而且对材料的力学性能也有一定的改善作用。但也存在效率低、添加量高等缺点，所以进一步探究两者在应用到聚氨酯材料中的协效复配作用就显得尤为重要。

1.2　纤维素在凝胶材料中的应用

1.2.1　纤维素简介

纤维素是地球上储量最丰富的天然高分子材料[87]，它的生物降解性强、可循环再生。但目前纤维素资源的利用率较低，只有约 11％的天然木质纤维素原料被用于造纸、建筑和生产农作物产品等方面，剩余的绝大部分参与了生态系统的碳循环，因此其仍然具有很大的应用潜力。

纤维素是一种由 D-吡喃葡萄糖环彼此以 β-1,4-糖苷键以 C_1 椅式构象联结而成的线型高分子化合物[88]，如图 1-8 所示。每个吡喃葡萄糖环都含有 3 个羟基，即 1 个伯羟基和 2 个仲羟基。数目巨大的羟基使纤维素分子内和分子间形成了大量氢键，进而形成致密的氢键网络结构。正是由于这种"超分子"结构，使得纤维素存在"基原纤-微原纤-原纤-巨原纤-纤维"的多级结构[89]。

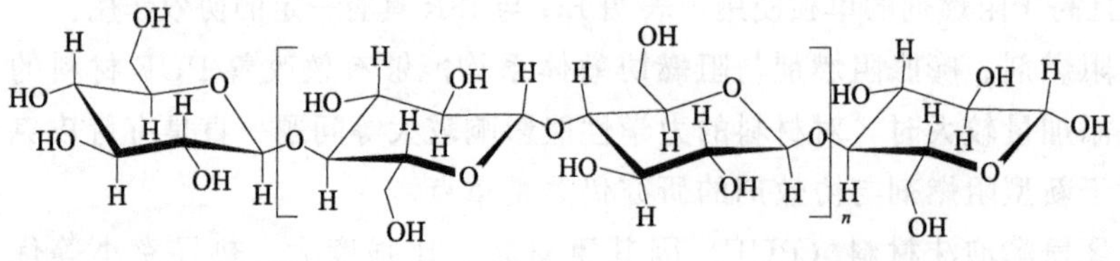

图 1-8　纤维素的化学结构

天然纤维素的晶体结构较为致密，使其很难溶于水和传统的有机溶剂。以下列举了目前常用的纤维素有机溶剂体系和无机溶剂体系。

1.2.1.1　有机溶剂体系

（1）胺氧化物体系　胺氧化物特别是 N-甲基氧化吗啉（NMMO）是目前应用较多的纤维素有机溶剂[87]。NMMO 分子中存在的 N—O 键有很强的极性，能够破坏纤维素分子间的氢键，生成纤维素-NMMO 配合物，促使纤维素溶解[87]。其溶解机理如图 1-9 所示。NMMO 水合物的含水量越高，其对纤维素的溶解性越弱，但无水 NMMO 的熔点过高（184℃），在此温度下纤维素容易发生降解。含水量为 4％～17％的 NMMO 水合物对纤维素的溶解效果较好[90]。

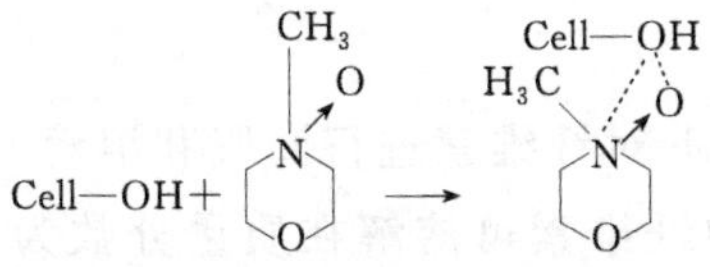

图 1-9 NMMO 溶解纤维素的机理[91]

（2）氯化锂/二甲基乙酰胺（LiCl/DMAc）体系 LiCl/DMAc 体系也是通过断裂氢键的方式对纤维素进行溶解，没有中间衍生物的产生。McCormick 等[92]认为，DMAC 分子中 N 原子和 O 原子含有孤对电子，电负性较高，易于与溶液中的 Li^+ 生成 Li—O 配位键，使 Li^+ 与 DMAc 的羰基形成配合物。这导致 Cl^- 所含的负电荷增加，增强了其与纤维素羟基质子之间的相互作用，使纤维素分子之间原有的氢键结构遭到破坏，并与之形成新的氢键，促使纤维素溶解。其溶解机理如图 1-10 所示。

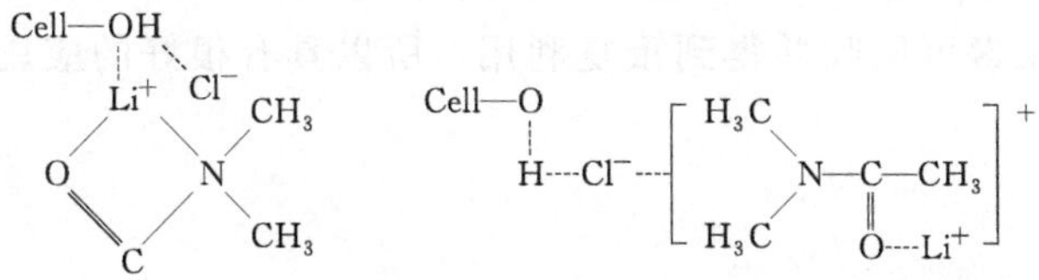

图 1-10 纤维素在 LiCl/DMAc 中的溶解反应式[93]

（3）离子液体溶解体系 含强氢键受体的负离子（如 Cl^-）的离子液体能够有效地溶解纤维素。其机理可能是 Cl^- 易与纤维素分子中的羟基形成氢键，破坏了纤维素原有的氢键结构，使纤维素溶解[90,94]，如图 1-11 所示。溶解后的纤维素可利用其他溶剂析出，得到再生纤维素，如水和乙醇等。目前，用以溶解纤维素的离子液体主要为咪唑型室温离子液体[95]，如 1-烯丙基-3-甲基氯代咪唑［Amim］Cl、1-丁基-3-甲基氯代咪唑［Bmim］Cl 和 1-(2-羟乙基)-3-甲基氯代咪唑等。

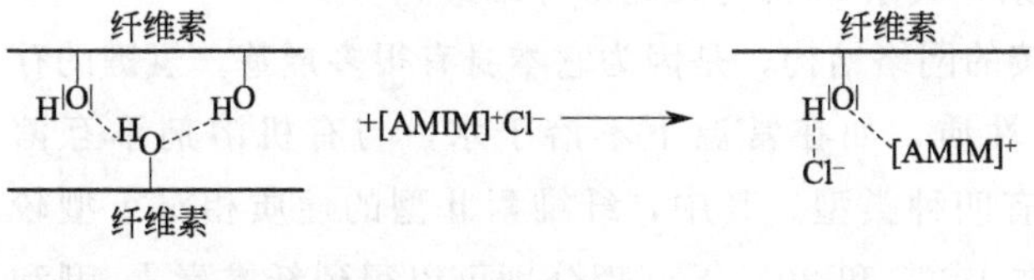

图 1-11 离子液体溶解纤维素的机理[96]

1.2.1.2 无机溶剂体系

（1）氢氧化钠/水体系 NaOH水溶液可在低温下对纤维素进行润胀和溶解。在4℃时，经过蒸汽爆破且聚合度较低（< 250）的纤维素可溶解在质量分数为7%～9%的NaOH水溶液中，而一般分子量的纤维素，如棉短绒浆等则不能溶解[97]。Isogai等[98]利用质量分数为8%～9%的NaOH水溶液溶解MCC，经过冷冻→解冻→稀释等过程后得到了透明的纤维素水溶液。此溶解体系只能对分子量较低的纤维素进行有效溶解且得到的纤维素溶液很容易产生凝胶化现象，很难应用于实际生产。

（2）碱/尿素或硫脲/水体系 碱液可以破坏纤维素分子间氢键，而碱液中尿素可以破坏分子内氢键，二者协同促进纤维素溶解[99]。该溶解体系可以溶解具有较高聚合度（$M_\eta = 3.7 \times 10^5$）的纤维素，而且尿素和硫脲可以抑制纤维素凝胶的产生。张俐娜课题组将NaOH和尿素的质量分数分别为7%和12%的水溶液冷却至−12℃，在5min内就可以迅速地溶解纤维素（$M_w = 1.2 \times 10^5$），得到透明的纤维素溶液[100]。该溶液在0～5℃下保存约1周也不会出现凝胶化现象。该体系的溶解能力强、操作简便且溶剂中的尿素可回收并得到重复利用，所以具有很好的应用前景。

1.2.2 实验设计

根据美国能源部的预计，来自植物可再生资源的基本化学结构材料到2020年有10%以上将会占领市场，而到2050年将会达到50%。纤维素是可再生资源，在地球上储量丰富，是当今社会的重要化工原料之一[101]。近年来，众多学者专注于纤维素研究，其可持续性、可生物降解性、高模量等特性以及简单的制备工艺、潜在的应用价值等优势，推动了纤维素科学与技术的发展[102,103]。纤维素的种类繁多、储量丰富，见图1-12。微晶纤维素（MCC）为白色或类白色，不溶于水、酸、碱、醇及有机溶剂，它是纤维素的一种。微晶纤维素是由天然纤维素经稀酸水解至极限聚合度而得到的粉末状或针状颗粒[101,104]。微晶纤维素是以 β-1,4-葡萄糖苷键结合的直链式多糖类物质，聚合度约为3000～10000个葡萄糖分子[105]。在一般植物纤维中，约73%为微晶纤维素，其余30%为无定形纤维素。

纤维素很容易形成氢键连接的网络结构，是因为它本身有很多羟基。氢键的存在使得纤维素具有非常稳定的性质，如在常温下不溶于水，与有机溶剂不互溶等[106,107]。纤维素的结晶变体有四种类型。其中，纤维素Ⅱ型的性质相对Ⅰ型较稳定。纤维素Ⅰ型用氢氧化钠在100℃和20℃下处理分别可以得到纤维素 I_1 型和 I_2 型，而纤维素Ⅱ型可由 I_2 型稀释得到。氢氧化钠与纤维素Ⅱ型反应可以生成纤

维素 I_2 型，但不能继续得到纤维素 I 型[108]。纤维素作为原材料在处理得到气凝胶的过程中并未发生晶型转变，而是保持原材料本身的 II 型特征峰。人们长期进行探索，希望将自然界储量丰富、可降解、无毒、无污染的纤维素溶解成透明液体状态，经过一系列加工处理，用于凝胶、纺布、纺丝等工业上。但纤维素由于自身的聚集态结构，一般溶剂较难溶解，而传统黏胶纤维在生产工艺、环境污染、材料消耗等方面尚未成熟，存在缺点和不足，阻碍了纤维素材料在工业上的应用[109,110]。由此可见，探究一种经济、无毒、高效的新型纤维素溶剂成为学术上最大的关注点。通常经过纤维素的溶解、析出、溶剂去除三步处理可直接获得纤维素水凝胶；再采用超临界干燥、冷冻干燥、快速降压的一些处理方法可避免纤维素的合并或团聚[111-113]。但纤维素溶解却成为整个过程中最重要且最棘手的一步。近些年来，张俐娜等[114] 经过研究发现了氢氧化钠/硫脲体系、氢氧化钠/尿素体系能在低温下将纤维素溶解掉，并且得到的纤维素丝性能良好。吕晓文等[115] 发现 PEG/NaOH 体系也能很好溶解纤维素，它们都是绿色制备纤维素很有前途的溶剂。2002 年 Swatloski 等经过大量研究发现了有些离子液体是纤维素的有效溶剂，开辟出应用纤维素的新领域[116,117]。

图 1-12　纤维素原料照片

目前最常用的纤维素溶剂如下：

（1）LiCl/DMAc 溶剂体系　如前所述，纤维素的结晶区和非结晶区的结构比较复杂，在一般溶解体系下结构不容易被破坏，而且破坏后较难形成热力学稳定、分子分散的均相溶液[118]。如图 1-13 所示，LiCl/DMAc 溶剂体系溶解性好，稳定性高，可提高纺丝速度，制成纺丝溶液，避免黏胶原液生产过程中产生的多段化学反应[116,119]，从根本上解决了环境污染问题，并且节省了资源，但 LiCl 使用成本高，不易二次回收，在工业上无法进行大规模生产。目前该体系还仅限于实验室研究，无法开展大规模生产。

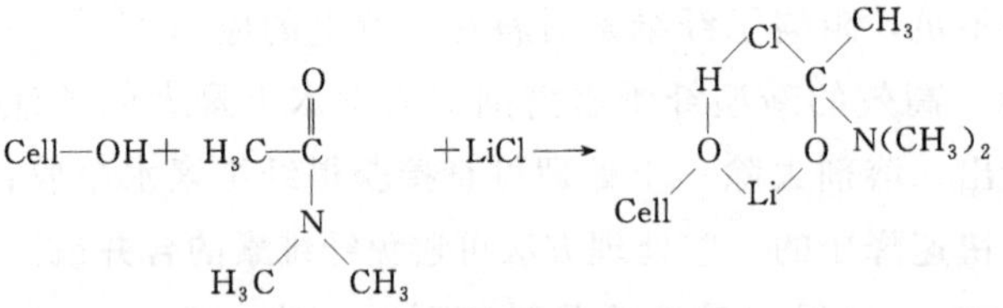

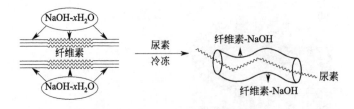

图 1-13 LiCl/DMAc 溶剂体系溶解纤维素的机理[120]

(2) NaOH/尿素（硫脲）/H_2O 溶剂体系　该体系能够溶解具有较大分子量的纤维素，且在 0～5℃能够长时间保持溶液态。尿素和硫脲中含有的氨基和碳硫键等基团具有较强的极性，氨基中的氢与 NaOH 中的氢可以产生氢键，而碳-硫键与H_2O 可以生成氢键，氢键的产生弱化了纤维素结晶区分子内和分子间的作用力[114,119,121,122]，从而使纤维素结构缓慢被破坏。碱性水溶液体系溶解纤维素的反应机理如图 1-14 所示。目前采用此种溶剂体系成功应用在凝胶膜、色谱柱填充物、纤维素衍生物、纤维素基共混的生物相容性材料等[122]。其生产工艺简单、周期短、环保、经济，成为目前工业生产中的一大亮点。而作为一种新型、环保的溶剂体系，其研究和发展可大大推动"绿色化学"的进程。

图 1-14 碱性水溶液体系溶解纤维素的反应机理[121]

(3) 离子液体　离子液体是一种由离子组成的环保、可回收再使用且具有极低蒸汽压的液体状态的新型纤维素溶剂。通常人们所见的离子液体主要是由双烷基咪唑季铵正离子或者烷基吡啶与 PF_6^-、BF_4^-、NO_3^-、X^- 等负离子组成[123]。1914年，Walden 首次合成硝基乙胺离子液体[124]，从此离子液体问世，但是它在纤维素溶解上的应用尚未成熟。直到 21 世纪，随着人们对离子液体的深入探究和对天然材料的认识加深，推进了离子液体在溶解领域的发展。2002 年，Rogers 教授通过大量研究，发现包括 1-丁基-3-甲基咪唑氯盐在内的一系列离子液体均能够溶解纤维素[125]，如图 1-11 所示。此后离子液体在溶解上的应用被推广认可。离子液体作为一种功能性多、应用性广的环境友好型溶剂，逐渐走入了科研实验室，成为了学者探究纤维素的首选溶剂。

水凝胶（hydrogel）是一种通过适度交联而获得的可明显溶胀于水但不溶于水，并持有较强保水力的三维网络结构的功能高分子材料[126]。水凝胶常受温度、浓度、pH 值、磁场、电场等因素影响，对外界环境变化感应灵敏，常表现为体积的溶胀或收缩[123,127]。随着科研学者们的不断挖掘，纤维素基材料的特殊功能特性被渐渐研究出来。水凝胶里面的大分子基组分与人和动物体内组分相似，而且生物相容性和亲水性良好，被广泛地应用于医学细胞传递和组织工程支架等方面。

气凝胶是由微小胶粒或者高聚物分子聚结而形成的无规则且连续多孔的网状结构材料，其交联形成的空间三维网状中孔洞分布均匀，孔洞内的分散介质多为气态且为纳米数量级[102,126]。气凝胶根据组成成分可分为三大类：无机气凝胶、有机气凝胶和无机-有机复合气凝胶[111]。无机复合材料可通过溶胶-凝胶法得到，一般以钛基、铁基、硅基为代表。这种气凝胶具有较多的优异特性，例如高孔隙率、低折射率、超轻及良好的光学性能等[127]，在光学器件、透明隔热材料、隔声材料等研究领域应用比较广泛。有机气凝胶一般由溶胶-凝胶法和冷冻干燥法两个过程完成，在一定程度上增强了气凝胶的力学性能且克服了无机气凝胶的脆性。但此类气凝胶在使用温度上具有弱稳定性和局限性等缺点。高脆性和低强度的特性使气凝胶材料在应用上受到较大限制。针对这一缺点，近年来研究学者们投入大量精力，力争研究出具有较高强度和脆性的气凝胶材料，并在此基础上对材料进行改性处理。目前最常用的方法即掺杂，可制备出应用普遍、优势明显的复合材料。复合气凝胶材料的制备方法一般可分为两种：一种是将气凝胶颗粒或粉末制备出来，再加入所需要掺杂的材料和黏结剂，然后经过模压或注塑成型过程制备出二次成型的复合体[128]；另一种方法是制备开始前直接将材料掺杂进去，然后经过一系列制备过程得到复合气凝胶材料。常用的掺杂材料包括硅酸盐、玻璃纤维、二氧化钛、碳纤维、硅酸铝纤维等[128,129]。一般而言，应主要根据复合材料的用途和所需要的特性来选择所要掺杂的物质。

对于气凝胶的认识和研究学者们投入了大量精力和时间。对气凝胶的首次研究开始于 20 世纪 30 年代初，当时斯坦福大学教授 Kistler 以水玻璃水解制备出二氧化硅气凝胶[111,129]。然而最初对于气凝胶的研究并未能赋予其实际应用价值。但是，Kistler 却大胆预言了这种新材料未来在各大领域的应用和发展，并成功制备氧化锡、氧化铁、氧化铝、氧化镍和氧化钨气凝胶，用事实验证了他对气凝胶发展的长远推测。到了 20 世纪 80 年代，超临界干燥和溶胶-凝胶两种新技术的引入使得气凝胶材料的研究瓶颈得到解决，内部结构也得到改进，微粒更加均匀细化。KOH 活化 3h，制备的碳气凝胶具有较高的比表面积，为 $428m^2/g$，高度多孔且相互连接的三维纳米结构提供了电解质离子和电子高效的迁移，作为超级电容器，具有优异的电化学性能[130]；开发新型无机气凝胶材料，构建高效吸附体系，成为无机气凝胶的研究热点之一[131,132]；有研究学者探讨了海藻酸钠/氧化石墨烯复合水凝胶对亚甲基蓝的吸附性能，发现最大吸附量可达到 153.8mg/g，而随后研究学者对纤维素基复合水凝胶也开展了探讨，结果发现纤维素基复合水凝胶的吸附效果也比较好，并具有良好的循环利用特点，被应用到很多领域。

水/气凝胶作为新型的多功能材料已经走进人们的生活，相关研究越来越深入、越来越有价值，已取得相当喜人的研究成果。而功能化纤维素气凝胶作为新兴的研究领域也将具有潜在的研究价值以及广泛的应用前景。

凝胶已得到普及和运用，如可作为火箭推进胶凝剂、切伦科夫探测器、太阳能集热器、催化剂载体或催化剂、声阻抗耦合等材料[132,133]。水/气凝胶材料的功能特性和应用激起了科学家们深入研究的极大兴趣，希望能探索到一种高效的制备方法，能够使功能化纤维素气基材料应用到更多领域。

最近几年，凝胶材料被逐渐引入到生物医学领域，凝胶生物相容性研究也相继展开。水凝胶和气凝胶优异的生物相容性、生物降解性使其先后被引入药物负载、蛋白质的分离纯化等方面[113,117,134]，见表 1-1。凝胶可以作为药物释放的载体植入生物体内，在生物体内根据环境变化自身降解，而且对生物体本身无毒害作用。

⊡ 表 1-1　凝胶在生物医学中的应用 [117, 134]

凝胶种类	优点	应用
硅基（亲水/疏水）	药物释放速度快/延长药物释放时间	快速释放活性药物的药剂类型/缓慢释放活性药物的药剂类型
硅基/生物聚合物	高生物相容性	抗菌药剂
无机复合	维持蛋白质高活性	生物催化剂、生物传感

随着现代化工业的迅速发展以及环境污染的日益加重，水/气凝胶材料被逐渐引入环境净化处理中。仿生疏水材料作为近些年比较热门的研究方向受到广泛关注。研究学者从自然界中生物的习性得到启发，研究出疏水吸油水/气凝胶材料，为海上原油泄漏提供了绿色、节能的处理方法；对于环境污染来说，重金属污染一般为镉、铬、铅、类金属砷等具有生物毒性的元素，同时包括钴、锌、镍、铜、锡、铒等毒性不强的元素[135]。对于水体重金属污染（主要以生活中常见的 Pb^{2+} 污染为例），Pb^{2+} 在沉淀作用下聚集在被污染体系的

底泥中，水中各种配位体与重金属离子生成螯合物或配合物，使得泥地中的污染物脱离而被重新释放出来[135,136]。由此可见，重金属离子在污染问题中的治理成为当前较为棘手的难题。功能化复合凝胶材料，如磁性材料、官能团改性材料等可有效去除水中的重金属离子等污染物，还可循环使用，在吸附、光催化领域具有良好的发展前景[137,138]；同时，也推动了多功能型水/气凝胶材料在水处理领域的应用。

20世纪60年代初气凝胶开始出现在航天建材领域中，特别是1996年，气凝胶材料首次在太空探索的火星探险者机器人的使用[132,139]。另外，气凝胶作为一种新兴高性能保温材料正在逐渐替代传统绝缘建材，如图1-15所示。目前，气凝胶隔热材料已被广泛应用于现代建筑中，其优异的特性主要体现在：①优异的热稳定性能；②具有半透明的性质；③块状材料更加透明。建筑中外围辅助的隔板材料可以有效提高房屋的保温隔热性能。与传统的保温、隔热材料相比，气凝胶质轻、耐火、透明、绝热而且环保的性能使其在隔热涂料、内/外墙保温、窗户隔热保温等方面深受关注[128,140,141]。

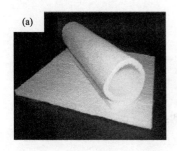

图 1-15　气凝胶在建材领域的应用[140,141]

纤维素是由β-D-吡喃葡萄糖基以β-1,4-糖苷键连接而成的大分子多糖，其中每个葡萄糖单元C2、C3、C6位上都有裸露在外较活泼的羟基。纤维素的氧化改性[142]是指调控反应条件使纤维素葡萄糖单元的3个羟基生成醛基、酮基和羧基的氧化反应，包括非选择性氧化和选择性氧化两种。

选择性氧化[143,144]是将纤维素分子链上C2、C3、C6位裸露在外的羟基氧化成羧基，使得其表面羧基含量增加，憎水性降低，纤维素整体的反应活性、分散性以及对阳离子的吸附性显著提高。TEMPO选择性氧化即在不引发葡萄糖单元开环反应的情况下，将C6位上的伯羟基或仲羟基氧化为羧基，增加反应活性，同时改变纤维素的物化特性[145]。

De Nooy等在1995年首次报道了TEMPO/NaClO/NaBr体系对水溶性多糖的氧化机理，研究表明，此种体系对C6位的伯羟基选择性氧化效果比较好，产率高达 95％[146]；1996 年报道了纤维素基材料和甲壳素等多种水不溶性葡聚糖在 TEMPO/NaClO/NaBr 体系中的氧化[145,146]，对伯羟基的选择性较高，如图 1-16 所示。Habibi 等[147] 将纤维素在 TEMPO 体系中进行处理，结果测试纤维素的水溶性和羧基含量均有明显提升。

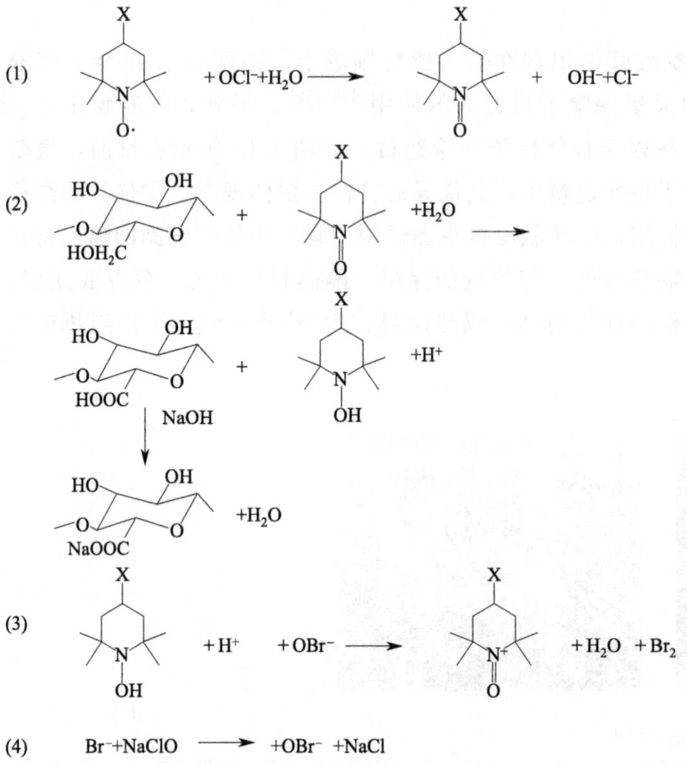

图 1-16　TEMPO/NaClO/NaBr 氧化纤维素的反应机理[145]

Hirota 等利用 TEMPO/NaClO₂/NaClO 体系在酸性-中性条件下对纤维素进行改性处理，在接近中性环境中得到的产品羧基含量高，而且在该体系氧化下无残留醛基[148,149]。Saito[150] 采用 TEMPO/NaClO₂/NaClO 媒介体系处理阔叶木纤维素，对处理后的产物进行测试，聚合度高达 900，不含醛基，图 1-17 为其反应机理。

过氧化氢、过硫酸、次氯酸钠等一般氧化剂可对纤维素大分子上的羟基产生不可调控的无规氧化即纤维素的非选择性氧化[142,151]。非选择性氧化可生成酸、醛、酮等多种基团，伯羟基和仲羟基不受控制，很难达到预想的实验要求；在反应进行过程中，将会有多种副反应出现，从而导致纤维素大分子链降解较剧烈，降解度和氧化度难以控制，使实验结果受到多方面因素限制。

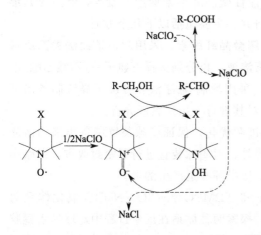

图 1-17　TEMPO/NaClO$_2$/NaClO 氧化纤维素的反应机理[142]

随着科技的迅猛发展和科学的不断进步，各种功能材料受到广泛关注，其中包括四氧化三铁（Fe$_3$O$_4$）。其磁性来自晶格中氧离子的超自旋产生的反铁磁性耦合，在晶体结构中，Fe^{3+}占据着八面体和四面体空隙，在八面体位置上的 Fe^{2+}通过自身的磁矩加强了单位晶胞的磁性[152,153]，可用于传递靶向药物、生物传感器、医疗诊断设备等[154]；同时，Fe$_3$O$_4$低毒、很容易制备、生物相容性好且制备形貌较好，因而得到了广泛应用。

目前，用于合成 Fe$_3$O$_4$的方法主要包括微生物法、物理法和化学法[154-157]：

① 物理法　包括气相沉积和电子束光刻法，然而这些方法很难控制粒子形貌和尺度，因而很少得到使用。

② 微生物法　这种方法具有简单、通用、效率高的特点，对于想要设计的材料来说，能够很好控制晶粒的几何形状。

③ 化学法　如今使用较为广泛的方法有沉淀、水热反应、氧化、超声化学沉积反应、气凝胶-蒸汽相转化法等，可根据实验要求选定适合的方法。该方法适用性强，受到科研学者的青睐。

纤维素氧化改性是纤维素资源开发、创新和拓展应用方面的重要手段之一，主要利用改性后获得的复合材料挖掘其新的应用领域。纤维素基材料的氧化改性可增加自身的羧基含量，提高自身的润湿、吸附和分散性能，使其更广泛地应用到人们的生活中；同时，也为多功能性纤维素复合材料的制备和深入探究提供更高效、有利的条件。

为了拓展纤维素球形水/气凝胶的应用领域和特殊性能，实验以 NaOH/尿素/水为溶剂体系处理微晶纤维素，并选择绿、环保、无毒的四氯化碳/橄榄油/冰乙酸作为凝胶浴，采用液滴-悬浮法制备出功能性微晶纤维素球形气凝胶，然后对其形态结构、吸附性能等进行深入、详细的研究。主要包括以下几个方面：

① 以 NaOH/尿素/水为溶剂体系溶解微晶纤维素，采用超声辅助法去除所得溶液中的气泡，得到透明、均一的纤维素溶液；再分别选择三氯甲烷/乙酸乙酯/乙酸和四氯化碳/橄榄油/乙酸作为凝胶浴，采用液滴-悬浮法和冷冻干燥法制备出不同浓度的微晶纤维素球形水/气凝胶，并对其进行一系列表征分析。

② 在实验基础上对滴球装置进行改进和优化，保证滴球装置制备出来的微晶纤维素水凝胶呈规则球形且大小均一。另外，对滴球装置进行了密封改进，以减小使用有毒性或挥发性较强的凝固浴时对身体或呼吸道产生的毒害。

③ 分别采用 TEMPO/NaClO/NaBr 和 TEMPO/NaClO$_2$/NaClO 氧化体系对微晶纤维素球形水凝胶进行功能化改性，探索两种体系在反应过程中对球形水凝胶的化学特性及对内、外部结构等方面的影响。

④ 采用 TEMPO/NaClO$_2$/NaClO 体系对球形水凝胶进行改性处理，着重探讨吸附时间、初始浓度等不同条件对微晶纤维素球形水凝胶吸附性能的影响。

⑤ 在选择性氧化微晶纤维素球形水凝胶的基础上，采用原位生长的方法制备出选择性氧化磁性微晶纤维素球形水凝胶，并对其形态结构、吸附性等进行探讨，其研究路线如图 1-18 所示。

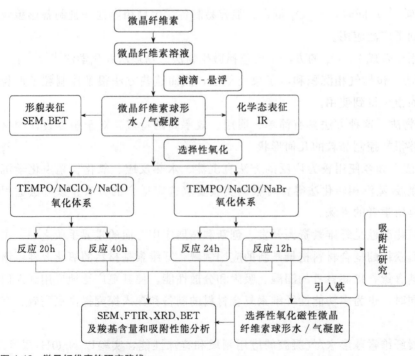

图 1-18　微晶纤维素的研究路线

1.3 纳米纤维素在聚氨酯泡沫材料中的应用

1.3.1 纳米纤维素概述

植物纤维是环境友好型天然高分子材料，具有亲水、吸湿性强，易燃、热稳定性差，易腐、耐久性差等特点[158]。植物纤维主要是由纤维素、半纤维素和木质素组成。阻燃纤维素复合材料近年来成为研究热点之一。以下对实验研究成果加以总结，为纤维素功能材料的加工和高附加值利用提供一些参考。

纤维素功能材料及其相关概念[158-172]，如表 1-2 所示。

⊡ 表 1-2 纤维素功能材料及其相关概念[158-172]

名　词	含　义
植物纤维	植物纤维主要是由纤维素、半纤维素和木质素组成，其中纤维素组成纤维细胞壁的网状骨架，半纤维素和木质素是填充在纤维之间和微细纤维之间的黏合剂和填充剂，纤维细胞通过木质素聚集在一起，形成纤维。植物纤维具有亲水、吸湿性强，易燃、热稳定性差，易腐、耐久性差等特点
木质功能材料	木质功能材料是以天然木质材料为基体，通过表面修饰、复合、界面修饰、接枝共聚等改性手段，将功能体直接复合或者通过介质的作用导入木材内部，与木材有关成分的分子结构中活性基团发生作用，赋予木材阻燃、隔声、电热、屏蔽等新功能特性的材料，是传统木材的创新和提升
木质功能材料构成的基本类型	①木材基体功能化：改变木材基体的官能团，使木材具有新的功能，例如尺寸稳定、可塑化、强化、防腐、防老化。主要核心是改变木材的分子结构，通过对木材分子结构的改变使其具有新的功能。②功能体介入：利用木材的多孔结构，将功能体灌注或混杂介入木质基体内，获得新型的功能材料，例如阻燃、导电、磁性木质材料等。③分子水平接枝：利用木材纤维素、半纤维素、木质素分子的活性基团的反应性，与其他分子之间发生取代、共聚或缩合反应，从而实现将功能分子接枝于木材基体上。④结构设计：利用木材或者制品的特殊结构，通过物理结构设计获得功能材料或制品，如吸声、隔声材料
阻燃木质功能材料	目前装配式建筑墙体材料中常使用酚醛树脂发泡阻燃复合板、发泡水泥阻燃复合板。阻燃木质功能材料中主要使用三聚氰胺磷酸盐阻燃剂，该阻燃剂有乳液状和干粉状，无味无毒、不影响涂饰。使用该阻燃剂后对材料的性能测试显示：热释放速率降低30%，吸湿性降低15%，成本下降20%，颗粒直径约 $6.8\mu m$，满足细化要求
纤维素功能材料	通过化学改性的方法，减弱了纤维素分子间的氢键作用，得到结构与功能多样的纤维素材料，如纤维素的衍生物、接枝共聚物及凝胶等

名　词	含　义
纳米纤维素功能材料	纳米纤维素气凝胶、纳米纤维素 CNF/SiO$_2$ 复合疏水涂层等功能材料
半纤维素功能材料	半纤维素具有独特的分子结构和良好的理化性质,半纤维素主要应用在制备水凝胶、半纤维素-壳聚糖复合材料以及包装膜材料领域
离子液体固载型功能材料	通过吸附或者接枝固载化的方法,将离子液体固载于无机多孔材料或者有机高分子材料上,把离子液体的特性转移到多相固体催化剂上,可应用于固定床连续化、封闭化反应。根据离子液体类型的不同,主要是作为催化剂应用于反应催化领域;根据固态载体的不同,主要是作为功能材料应用于吸附分离领域

对于木质功能材料,主要进行了有关气凝胶结构木材的物理性质、提高超疏水木材稳定性的方法等方面研究[173,174]。对于纤维素功能材料,主要进行了掺铈 TiO$_2$/纤维素复合气凝胶的制备及表征、壳聚糖/纤维素气凝胶球的制备及其甲醛吸附性能、疏水纤维素/氧化铁复合气凝胶的制备和表征、疏水性纤维素气凝胶球的制备及其吸附性能研究、阻燃纤维素复合材料的相关检测等方面的研究[175-181]。对于阻燃功能材料,主要进行了氧浓度对阻燃纤维素燃烧特性的影响、阻燃木材组分产烟性与其热解的关系、NCC/APP/SiO$_2$ 胶体的层层自组装及在 WPC 中的阻燃应用、天然纤维增强聚丙烯复合材料的阻燃剂选择等方面的研究[182-185]。根据前期主要实验研究[175-181] 以及阻燃纤维素研究热点,对课题实验研究方案进行优化。阻燃纤维素复合材料在阻燃剂的选择上,是以乳液状和干粉状、无味无毒、不影响涂饰的三聚氰胺磷酸盐阻燃剂为主。对于后续课题实验研究方面,可选择二氧化硅 (SiO$_2$)、次磷酸铝 (AHP) 等阻燃剂,在纳米尺度上进行纳米纤维素/纳米二氧化硅等复合,研究其阻燃应用[186]。

1.3.2　实验设计

聚氨酯泡沫 (PUF) 材料具有热导率低、强度高、密度小等众多优点,作为保温隔热材料和结构承重材料被广泛应用于建筑材料、航空军工等诸多领域。但是,未经过阻燃改性的聚氨酯泡沫材料极易燃烧且燃烧时会产生大量有毒气体,对人体造成严重危害,阻碍了其更广泛的应用。因此,对聚氨酯泡沫材料的阻燃改性进行研究具有重要意义和应用价值[187]。

课题组实验依据理论计算和对聚氨酯泡沫材料形貌的单因素优化实验,将聚乙二醇 (PEG) 400、三乙烯二胺、二甲基硅油、水、聚磷酸铵 (APP)、纳米纤维素、正戊烷、多亚甲基多苯基多异氰酸酯 (PAPI) 分别按一定配比混合,室温静置发泡,分别得到聚氨酯泡沫材料、聚氨酯/聚磷酸铵泡沫、聚氨酯/纳米纤维素泡沫、聚氨酯/纳米纤维素/聚磷酸铵泡沫 4 种样品，并分别对 4 种样品的表观密度、微观形貌、极限氧指数（LOI）等进行了表征。

1.4 纤维素在海绵材料中的应用

1.4.1 海绵的发泡方法

海绵为软质泡沫材料，是一种由连续相的基体骨架与孔隙构成的多孔弹性材料。海绵的泡孔结构可分为开孔型和闭孔型，如图 1-19 所示；开孔型泡孔的吸水性、对热或电的绝缘性和减震能力更强。常用的海绵发泡方法有物理发泡法和化学发泡法[188,189]。

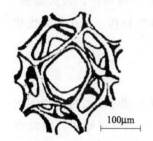 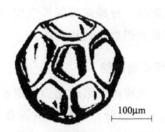

(a) 开孔结构单元　　　　　　　(b) 闭孔结构单元

图 1-19　海绵的泡孔结构[190]

1.4.1.1 物理发泡法

物理发泡法主要包括以下 3 类[190]：

（1）压缩气体法　先将惰性气体（如空气、N_2 和 CO_2 等）加压并被糊料吸收，再将糊料置于常压下，即可膨胀发泡。

（2）可溶性固体法　将可溶性固体与物料混合均匀，可以是易形成结晶水的可溶性无机盐，如 Na_2SO_4、Na_2CO_3 等；也可以是 PEG、葡萄糖[191,192]等有机物。待凝固后浸泡脱除成孔剂，即可得到气孔。

（3）挥发性液体法[193]　利用易挥发液体（沸点<110℃）受热易挥发的特点，使物料膨胀而产生气孔。

1.4.1.2 化学发泡法

化学发泡法[194] 通常是指利用具有热分解性的粉状发泡剂，在受热分解时产生大量的气体，从而达到发泡的目的。

碳酸氢盐类发泡剂是最常用的无机发泡剂，如 $NaHCO_3$ 和 NH_4HCO_3 等。这类发泡剂的成核效果好、价格低廉、环境污染小。但由于其产气量较大，分解温度较低且范围较宽，使生成的气孔体积大[195]、气孔大小不均匀且发泡不易控制。

有机发泡剂主要包括偶氮化合物，如偶氮二甲酰胺（ADC）；N-亚硝基化合物，如二亚硝基五亚甲基四胺（发泡剂 H、DPT）；酰肼类化合物，如 4,4-氧代双苯磺酰肼（OBSH）；脲基化合物等。其中 ADC 是目前国内外应用最多的有机发泡剂[196]。

1.4.2 纤维素海绵的制备方法

溶液加工法是目前制备纤维素海绵常用的方法：一是先将纤维素转化为其衍生物，再将其水解制备纤维素海绵；二是将纤维素直接溶在某些溶剂中，经历凝胶、再生和干燥等过程后得到海绵制品。纤维素海绵可应用于保温材料、催化剂、生物模板等诸多领域，但目前对其研究仍处于起步阶段。

1.4.2.1 纤维素衍生物制备纤维素海绵

（1）纤维素磺酸酯水解法　先将纤维素转化为纤维素磺酸酯，之后将其均匀地溶解在稀 NaOH 水溶液中，并与增强纤维和成孔剂混合均匀形成捏塑体。将此捏塑体浸入由酸的水溶液组成的凝固浴时，纤维素黄酸酯水解生成纤维素、成孔剂溶出，即可得到孔隙丰富的纤维素产品[197]。以磺酸酯水解法制备纤维素海绵时会有 SO_2、H_2S 气体产生，对环境的污染较大。

（2）醋酸纤维素水解法　以醋酸纤维素水解法[198] 制备纤维素海绵的工艺与磺酸酯水解法类似，相关反应如反应式(1-1) 和式(1-2) 所示。纤维素与乙酸反应易生成三醋酸纤维素，其溶解性较差，而低取代度的醋酸纤维素溶解性更好，在工业上的应用更为广泛。以该方法制备纤维素海绵不会产生含硫的有害气体，对环境污染较小；但其生产周期长，成本较高。

$$[C_6H_7O_2(OH)_3]_n + 3n(CH_3CO)_2O \longrightarrow [C_6H_7O_2(OCOCH_3)_3]_n + 3nCH_3COOH$$

$$(1-1)$$

$$[C_6H_7O_2(OCOCH_3)_3]_n + (3-x)_nH_2O \longrightarrow$$

$$[C_6H_7O_2(OCOCH_3)_x(OH)_{3-x}]_n + (3-x)_nCH_3COOH \qquad (1-2)$$

1.4.2.2 纤维素直接溶解法制备纤维素海绵

（1）强碱溶解法　Chevalier 等[199] 先将纤维素进行蒸汽爆破处理以降低纤维素的聚合度，再溶解于 NaOH 水溶液（−5℃）中，并以棉浆作为增强纤维，以物理成孔法得到了海绵状纤维素制品。李翠珍[200] 将剪碎的漂白木浆片低温溶解在强碱溶液中，然后以脱脂棉为增强纤维，采用物理成孔法制得了纤维素海绵；并通过季铵盐的加入使制备的纤维素海绵具有了一定的抗菌效果。吴志红等[201] 以 NaOH/尿素水溶液为溶剂，以物理成孔法制备了纤维素海绵。当纤维素的添加量（质量分数）为 6%、增强纤维为 3%，$m_{成孔剂}/m_{纤维素溶液}=1.4$，成孔剂的粒径为 0.125～0.18 mm 时，纤维素海绵的综合性能相对较好。

（2）离子液体溶解法　Nowottnick 等[202] 先将纤维素（$M_\eta=500～1200$）溶解在离子液体［Emim］Ac 中，然后以棉纤维素作为增强纤维，以 Na_2SO_4 和 $NaHCO_3$ 作为成孔剂，经过发泡沉淀等过程制备了纤维素海绵布。海绵布的保水性和力学性能优良。Deng 等[203] 将纤维素溶解在离子液体［Bmim］Cl 中，制备出具有纳米孔隙的纤维素泡沫。实验表明，随着纤维素浓度的增大，微纤直径逐渐减小、比表面积和孔隙率逐渐增大，且液氮冷冻干燥法对于纳米孔隙的形成更为有利。杨海茹[204] 以离子液体［Bmim］Cl 溶解棉浆粕，以脱脂棉作为增强纤维，分别采用物理成孔法和与化学发泡相结合的方法制备了纤维素海绵。与市售的 PVA 海绵相比，制备的两种海绵在结构、亲水性和力学强度等方面都可以达到市场要求。

（3）NMMO 溶解法　目前以 NMMO 溶解法制备纤维素海绵的研究相对较少。刘晓辉等[205] 以 NMMO 为溶剂溶解棉浆粕，分别采用物理成孔法和物理化学综合成孔法制备了纤维素海绵。实验结果表明，采用以上两种方法制备的纤维素海绵的孔隙率和对水的吸附能力均优于市场上常见的四种海绵材料，且海绵的拉伸强度和热稳定性等性能也能达到市场要求。

1.4.3　相变储能材料

发展新型的储能材料可以提高能量的利用率，具有良好的经济效益。能量的存储主要可以通过以下三种方式进行：显热储能、化学储能与相变储能。其中，相变储能材料（PCMs）在外界温度达到材料的相变温度时，会发生物态或晶体结构的改变，同时伴随着能量的吸收或释放，可以达到调节温度的目的。与其他两种储能材料相比，相变储能材料具有在相变过程中温度稳定、储能密度大和储能体积小等优点。

1.4.3.1　相变储能材料的分类和特点

依照相变前后物态的改变，PCMs 一般能够划分为固-固、固-液、固-气以及液-气四类相变材料，其中应用最为广泛的是固-固和固-液两种 PCMs。根据结构和化学成分区分，又可以大致地分为无机、有机和复合类 PCMs。

（1）无机相变储能材料　无机固-液相变储能材料中应用最广泛的是结晶水合

盐[206,207]，它是通过融化或凝固过程中脱除或吸附结晶水来进行储热和放热。其中应用较多的是碱与碱土金属的无机酸盐和有机酸盐（如乙酸盐）。这种相变材料的工作温度多样、相变熔高、价格较低、热导率高，但普遍存在过冷和析出等问题。

无机固-固相变材料主要是利用固态时的晶型转化来吸收或释放热量。其在相变过程中体积变化小、无液相产生、对设备腐蚀小、使用时间长。一般此类相变材料的相变温度较高，适用于高温环境。目前应用较多的主要有层状钙钛矿、Li_2SO_4、KHF_2 等。

（2）有机相变储能材料　有机固-液相变材料主要包括石蜡、脂肪烃、脂肪酸和醇类等。它的优点是不易发生相分离和过冷现象、对设备的腐蚀小、相变潜热高，缺点是容易发生液体泄漏[208,209]。其中常用的有脂肪烃和聚多元醇类相变材料。

有机固-固相变材料也是利用晶型改变来吸收和释放热量。目前常用的有多元醇类和高分子类等。多元醇类相变材料的相变熔主要来自氢键断裂所释放出的氢键能。它的相变熔大、性质稳定、使用寿命长；但加热到相变温度以上时会形成塑晶，塑晶易损失。其中常用的有季戊四醇（PER）、新戊二醇（NPG）、2,2-二羟甲基丙醇（PG）、2-氨基-2-甲基-1,3-丙二醇（AMP）和三羟甲基氨基甲烷（TAM）等[210]。高分子类相变材料主要包括嵌段[211]、接枝[212]和交联[213]类聚合物，它们的热稳定性好、相变温度适中、相变熔较高。

（3）复合相变储能材料　复合相变储能材料是由相变材料（工作介质）与载体复合而成，当温度升高到工作介质的固-液相变温度以上时，复合相变材料仍可保持固态[214]。复合相变材料不仅可以解决液体泄漏的问题，也可用于增强材料的导热性。微胶囊型[215,216]、共混型[217]、纳米复合型和导热增强型复合相变材料是目前的研究热点，在建筑节能等领域应用广泛。

1.4.3.2　纤维素复合相变材料的研究进展

目前，以纤维素为基体制备复合相变材料常用的方法有化学接枝法、微胶囊法和共混法。与其他两种方法相比，以共混法制备纤维素复合相变材料的工艺流程更加简单。

（1）化学接枝法　乔文静等[218] 以 MPEG 1200 和 MPEG 2000 为工作介质，利用化学接枝法将其接枝到二醋酸纤维素（CDA）骨架上，再通过静电纺丝的方式制备得了固-固相变材料。姜勇等[219] 将不同分子量的 PEG 先分别用交联剂——2,4-甲苯二异氰酸酯（TDI-80）处理，然后将其接枝在 CDA 骨架上，制备出了具有梳状或交联网状结构的复合相变储能材料。原小平等[220] 也采用了化学接枝法，将 PEG-4000 接枝在 NCC 骨架上，制备出 NCC/PEG 固-固相变材料，相变熔最高可达 103.8J/g。Han 等[221] 以 TDI 为偶联剂，以［AmimCl］离子液体为溶剂，制备了纤维素-g-聚乙二醇(2)十六烷醚（Cellulose-g-E_2C_{16}）固-固相变材料。实验表明，复合相变材料的热稳定性优于 E_2C_{16}，且相变材料的储热能力、相变温度等与取代度有关。

（2）微胶囊法　黄志钱等[222] 以石蜡为相变材料，以纳米纤维素纤维（CNFs）增韧的三聚氰胺-尿素-甲醛树脂（MUF）为壁材，通过原位聚合法制备了纳米相变微胶囊。实验表明，CNFs 的加入可以有效地增强壁材的力学强度，提高胶囊的包含量、降低破损率；当 CNFs 添加量为 1.5%（质量分数）时，其在壁材中分布均匀，微胶囊的相变焓可达 61.20J/g。Feczkó 等[223] 通过乳化溶剂挥发法，以乙基纤维素（EC）为壁材，以十六烷（HD）为芯材制备了相变微胶囊。实验表明，当乳化剂为聚甲基丙烯酸甲酯（PMAA）时，微球体积和潜热存储容量最佳。

（3）共混法　Liu 等[224] 制备了纳米多孔纤维素/PEG-4000 气凝胶，复合相变材料的相变焓可达 128.1J/g。谢成等[225,226] 分别将 PEG-10000 与木材和多孔纤维素复合，所得的复合相变材料的最大相变焓分别为 43.22J/g 和 95.53J/g。韩欢热等[227] 将经过超声处理的 CFNs 悬浮液与 PEG 水溶液混合均匀后烘干，得到 PEG/CFNs 固-固相变材料，并研究了 CFNs 的加入对 PEG 结晶性等的影响。

1.4.3.3　导热增强型相变材料的研究进展

虽然基体的加入会解决固-液相变介质在发生固-液相变时产生液体泄漏的问题，但加入热导率低的基体会降低复合相变材料的导热性，从而降低相变材料对温度变化的响应速度，降低其对能量的利用效率。为了解决这一问题，可以采用掺杂导热增强粒子的方法，如碳纳米管[228]、纳米金属粒子[229,230]、纳米金属氧化物粒子[231,232] 等。但纳米粒子的表面能较大，容易发生团聚，进而形成沉淀，会降低导热性的增强效果。因此，增强纳米粒子在相变体系中的分散性是目前的一个研究热点[230,232]。除此之外，还可采用本身就具有较好导热性的基体，如石墨烯气凝胶[233,234]、泡沫石墨[235] 和泡沫铜[236] 等。

1.4.4　实验设计

利用相变储能材料进行热能的储存与释放对节约能源具有重大意义。有机固-液相变材料是目前一种常用的相变材料，但液相的产生给实际应用带来了很多麻烦。纤维素海绵不仅具备传统海绵的优点，还具有良好的可降解性和生物相容性。但目前以纤维素为原料制备海绵的技术尚不成熟，因此选择绿色高效的纤维素溶剂、优化制备工艺成为当下研究的热点。

结合以上两方面的问题，本实验首先对纤维素海绵的制备工艺进行优化，筛选出性能优良的纤维素海绵，然后将其与 PEG 进行复合，制备了固-固复合相变储能材料。这不仅可以拓宽纤维素海绵的应用领域，也可以解决单一固-液相变材料液体泄漏的问题，使之适应更复杂的工作环境，研究主要内容如下。①采用 NaOH/尿素水溶液作为溶剂溶解 MCC，以无水 Na_2SO_4 作为物理成孔剂，通过溶解再生的方法制备纤维素海绵。分别讨论了成孔剂的用量、脱脂棉与 MCC 的质量比和纤维素的总质量分数对海绵的微观形貌、吸水和保水性以及拉伸强度等的影响。②以纤维素海绵作为基体，以 PEG-6000 作为相变材料制备了 PEG/纤维素海绵固-固相变材料（SS-PCMs），主要对其热力学性能进行分析；为了增强 SS-PCMs 的热导率，采用纳米 TiO_2 作为导热增强粒子，主要讨论了纳米 TiO_2 的掺杂对 SS-PCMs 的热力学性能、导热性等性能的影响。创新之处体现在：①以纤维素海绵作为基体制备了 SS-PCMs。当相变介质为 PEG-6000 时，与文献报道的其他纤维素基体相比，可达到更高的相变熔。②在 PEG/纤维素 SS-PCMs 体系中，以纳米 TiO_2 作为导热增强粒子，可有效提高 SS-PCMs 的热导率。

第2章

纳米纤维素在聚氨酯泡沫材料中的应用

聚氨酯（PUR）泡沫以质轻、热导率低等在保温建筑材料领域应用较广泛。PUR 泡沫的强度和易燃性是目前建筑材料领域亟待解决的问题。Harith[237] 对 PUR 泡沫混凝土在结构材料中的应用进行了研究，结果表明，用水固化的样品具有最高的压缩强度。Ferkl 等[238] 研究了硬质 PUR 泡沫壁质量分布的演化，结果表明，反应混合物的黏度提高，导致形成壁厚的泡沫。Stazi 等[239] 对 PUR 泡沫中碳纳米纤维（CNFs）的吸水率、热学性能和力学性能进行了实验评价，结果表明，采用超声空化法将 1% 的 CNFs 均匀地分散到 PUR 泡沫的多元醇中，可提高样品的强度，CNFs 降低了泡沫的热导率和吸湿性。植物纤维在复合材料中具有增强作用[240]。近年来，纳米纤维素在纳米尺度上表现出特殊的物性，常作为增强相，添加到复合材料中，成为阻燃功能材料的研究热点之一[241-245]。磷系阻燃剂等常被添加到 PUR 泡沫和纤维素复合材料中[246-249]。本实验以聚磷酸铵（APP）为阻燃剂、纳米纤维素为增强相，制备出纳米纤维素阻燃 PUR 泡沫。依据理论计算和对 PUR 泡沫形貌的单因素优化实验，将聚乙二醇（PEG）400、三乙烯二胺、二甲基硅油、水、聚磷酸铵（APP）、纳米纤维素分别按一定配比混合，搅拌均匀，加入正戊烷，迅速加入多亚甲基多苯基多异氰酸酯（PAPI），快速搅拌至反应体系发白，停止搅拌，室温静置发泡，分别得到 PUR 泡沫、PUR/聚磷酸铵泡沫、PUR/纳米纤维素泡沫、PUR/纳米纤维素/聚磷酸铵泡沫 4 种样品。分别对 4 种样品的表观密度、微观形貌、极限氧指数（LOI）等进行表征，以期为纳米纤维素阻燃功能材料的利用提供基础数据。

2.1 实验

2.1.1 材料与仪器

竹浆纳米纤维素，横截面直径 $10\sim20nm$，自制[250,251]；聚乙二醇（PEG）400，分析纯，天津市科密欧化学试剂有限公司；多亚甲基多苯基多异氰酸酯（PAPI），—NCO 质量分数 30%，山东英朗化工有限公司；六水三乙烯二胺，分子式 $C_6H_{12}N_2 \cdot 6H_2O$，分子量 220.23，纯度 $\geqslant96\%$，国药集团化学试剂有限公司；二甲基硅油，分析纯，天津市天力化学试剂有限公司；正戊烷，分子式 C_5H_{12}，分子量 72.15，纯度 $\geqslant99\%$，天津市光复精细化工研究所；聚磷酸铵（APP），分析纯，济南上善精细化工有限公司。

三频数控超声波清洗器，KQ-200VDE，昆山市超声仪器有限公司；超声波细胞粉碎机，SCIENTZ-ⅡD，宁波新芝生物科技股份有限公司；冷冻干燥机，FD-1A-50，北京博医康实验仪器有限公司；扫描电子显微镜（SEM），QUANTA 200，美国 FEI 公司；傅里叶变换红外光谱（FTIR）仪，MAGNA-IR560，美国 NICOLET 仪器有限公司；电子万能试验机，CMT5504，深圳市新三思计量技术有限公司；氧指数测定仪，JF-3，南京市江宁区分析仪器厂。

2.1.2 制备方法

2.1.2.1 聚氨酯泡沫材料制备

根据反应式 $R-N=C=O+H-OH \longrightarrow CO_2\uparrow+R-NH_2$ 计算水及其所消耗异氰酸根的理论用量。

由 $PV=nRT$ 以及 $m/\rho=V$ 可知，通过查出 ρ 以及要求的 m，可以得到 CO_2 的体积 V，进而得到用水量 n_1 以及水所消耗的异氰酸根用量 n_2。

多元醇所消耗的 PAPI：$m_{1M}=(1\times Q/56100)/(0.30/42)=0.0025Q$，选用的多元醇为 PEG400，因此可知 $Q=255\sim312$（M 为多元醇的分子量，Q 为多元醇的羟值，0.3 和 42 分别为 PAPI 中 NCO 的质量分数和摩尔质量），选取 $Q=300$，$m_{1M}=0.75g$，而 $\rho=300\sim700kg/m^3$，所以可求出水所消耗的 PAPI：$m_{2M}=(1/18.02)\times2/(0.30/42)=15.54g$。

选取基准为 PEG400，用量为 20g，则 PEG400 所消耗的 PAPI 为 $20\times0.75=15g$，通过查阅文献可知用水量为 $0.04\sim0.05g$，因此水消耗的 PAPI 为 0.62g。

以总体系的质量分数 0.5％添加匀泡剂（二甲基硅油）、0.05％添加催化剂（三乙烯二胺）、5％添加物理发泡剂（正戊烷），因此可以得到理论配比为：

PEG400：PAPI：三乙烯二胺：水：二甲基硅油：正戊烷＝20：15.62：0.0178：0.04：0.178：1.781。

同时，以此为基础进行调整，得出制备聚氨酯泡沫材料的初配比为：PEG400：PAPI：三乙烯二胺：水：二甲基硅油：正戊烷＝20：17：0.0175：0.045：0.17：1.4。通过制备优化，得出如表 2-1 所示制备聚氨酯泡沫材料配比[252-255]。

⊡ 表 2-1　制备聚氨酯泡沫材料配比

样品编号	PEG400/g	PAPI/g	三乙烯二胺/g	水/g	二甲基硅油/g	正戊烷/g	APP/g	纳米纤维素/g
1	19.9838	19.7536	0.0172	0.0348	0.2270	0.9060	—	—
2	20.0014	19.4800	0.0171	0.0317	0.2385	1.0012	0.6319	—
3	20.0568	19.4806	0.0175	0.0323	0.2385	0.9256	—	0.0410
4	20.0420	20.4530	0.0184	0.0196	0.2936	0.9110	0.6013	0.0403

按表 2-1 中的原料组成制备聚氨酯泡沫材料，记为 1 号样品。将 19.9838g PEG400、0.0172g 三乙烯二胺、0.2270g 二甲基硅油、0.0348g 水混合，搅拌均匀，加入 0.9060g 正戊烷，迅速加入 19.7536g PAPI，快速搅拌至反应体系发白，停止搅拌，室温静置、发泡。

2.1.2.2　聚氨酯/聚磷酸铵泡沫制备

以添加阻燃剂聚磷酸铵分别占总质量的 1％、1.5％、2％作为实验梯度，通过形貌表征，初步将形貌最好且聚磷酸铵用量较多的 1.5％作为标准进行细调，得到制备聚氨酯/聚磷酸铵泡沫的最终配比。

按表 2-1 中的原料组成制备聚氨酯/聚磷酸铵泡沫，记为 2 号样品。将 20.0014g PEG400、0.0171g 三乙烯二胺、0.2385g 二甲基硅油、0.0317g 水、0.6319g APP 混合，搅拌均匀，加入 1.0012g 正戊烷，迅速加入 19.4800g PAPI，快速搅拌至反应体系发白，停止搅拌，室温静置、发泡。

2.1.2.3　聚氨酯/纳米纤维素泡沫制备

以添加纳米纤维素分别占总质量的 0.05％、0.1％、0.15％作为实验梯度，通过形貌表征，初步将形貌最好且纳米纤维素用量较多的 0.1％作为标准进行细调，得到制备聚氨酯/纳米纤维素泡沫的最终配比。

按表 2-1 中的原料组成制备聚氨酯/纳米纤维素泡沫，记为 3 号样品。将 20.0568g PEG400、0.0175g 三乙烯二胺、0.2385g 二甲基硅油、0.0323g 水、

0.0410g 纳米纤维素混合，搅拌均匀，加入 0.9256g 正戊烷，迅速加入 19.4806g PAPI，快速搅拌至反应体系发白，停止搅拌，室温静置、发泡。

2.1.2.4 聚氨酯/纳米纤维素/聚磷酸铵泡沫制备

在单因素优化（即确定添加阻燃剂聚磷酸铵占总质量的 1.5%、纳米纤维素占总质量 0.1% 的聚氨酯泡沫材料最优配比）的基础上，探讨混合添加阻燃剂聚磷酸铵、纳米纤维素的聚氨酯泡沫材料的最佳配比，通过形貌表征，得到制备聚氨酯/纳米纤维素/聚磷酸铵泡沫的配比。

按表 2-1 中的原料组成制备聚氨酯/纳米纤维素/聚磷酸铵泡沫，记为 4 号样品。将 20.0420g PEG400、0.0184g 三乙烯二胺、0.2936g 二甲基硅油、0.0196g 水、0.0403g 纳米纤维素、0.6013g APP 混合，搅拌均匀，加入 0.9110g 正戊烷，迅速加入 20.4530g PAPI，快速搅拌至反应体系发白，停止搅拌，室温静置、发泡。

2.1.3 性能测试与表征

样品的表观密度按 GB/T 6343—2009 测定（重复 5 次），计算平均表观密度。采用扫描电子显微镜观察样品微观形貌。用傅里叶变换红外光谱仪测定样品的红外光谱。压缩强度按 GB/T 1041—2008 测定，将样品干燥、冷却后测量边长（精确到 0.5mm），计算其受力面积，然后将样品置于电子万能试验机下的压板中心，匀速施加载荷直至样品破裂，记录最大破坏载荷，计算压缩强度。采用氧指数测定仪测定样品的极限氧指数。

2.2 结果与分析

2.2.1 聚氨酯泡沫材料的平均表观密度

聚氨酯泡沫材料样品的平均表观密度如表 2-2 所示。低密度聚氨酯泡沫材料的密度通常低于 $10kg/m^3$，主要用于防震、隔声、包装、填充等材料；中等密度聚氨酯泡沫材料的密度一般在 $20\sim60kg/m^3$，主要用于保温隔热、外墙保温等材料；高密度聚氨酯泡沫材料的密度一般在 $200\sim900kg/m^3$，为仿木聚氨酯泡沫材料，主要用于门窗等代木材料。聚氨酯泡沫材料密度因原料组成、制备工艺（如温度、湿度等）不同而异。作为保温隔热材料，聚氨酯泡沫材料的保温效果与发泡工艺密切相关。从表 2-2 可以看出，本实验制备的聚氨酯泡沫材料样品的平均表观密度均在中等密度（$20\sim60kg/m^3$）范围内，APP、纳米纤维素的添加，对聚氨酯泡沫材料的密度影响不大。密度是聚氨酯泡沫材料的重要参数，可以根据不同用途，调整配方来制成不同密度的聚氨酯泡沫材料[252,253]。本实验配方主要依据中等密度的聚氨酯泡沫材料而设计，是依据理论计算和单因素优化实验综合确定的。

⊡ 表 2-2　聚氨酯泡沫材料样品的平均表观密度

样品编号	平均表观密度/(kg/m³)
1	32.01
2	33.24
3	32.36
4	33.33

2.2.2　聚氨酯泡沫材料 SEM 分析

图 2-1 为聚氨酯泡沫材料样品的 SEM 照片。从图 2-1 可以看出，样品泡孔大小均为中等。保温型聚氨酯泡沫材料通常采用微机控制发泡工艺，通过恒温、高压、定量进料来控制，手工操作很难完成。本实验制备的 4 种聚氨酯泡沫材料样品为室温发泡，可以手工操作完成，成型工艺简单，易操作。

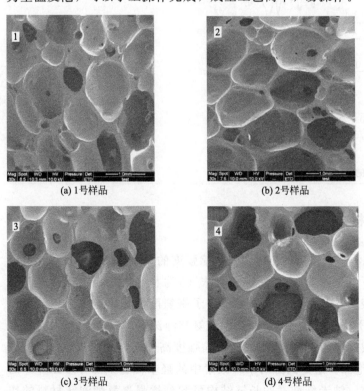

(a) 1号样品　　　　　　　　(b) 2号样品

(c) 3号样品　　　　　　　　(d) 4号样品

图 2-1　聚氨酯泡沫材料样品的 SEM 照片

2.2.3 聚氨酯泡沫材料红外光谱分析

图 2-2 为聚氨酯泡沫材料样品的红外光谱。从图 2-2 可以看出，$3420cm^{-1}$ 处为未成氢键的 N—H 伸缩振动峰，$3320cm^{-1}$ 处为 N—H 成氢键的伸缩振动峰，$3030cm^{-1}$ 处为苯环上 C—H 的伸缩振动峰，$2870cm^{-1}$ 处为 CH_2 的对称伸缩振动峰，$1735cm^{-1}$ 处为游离的 C=O 振动峰，$1711cm^{-1}$ 处为有序成氢键的 C=O 伸缩振动峰，$1613cm^{-1}$ 处为苯环上 C—C 的伸缩振动峰，$1598cm^{-1}$ 处为苯环上氨酯基 N—H 的变形振动峰，$1109cm^{-1}$ 处为 C—O—C 的不对称伸缩振动峰[256-259]。$2900cm^{-1}$ 处为 C—H 伸缩振动峰，聚氨酯 CH_3 中的 C—H 伸缩振动峰主要在 $2860cm^{-1} \sim 2900cm^{-1}$ 附近，纤维素—CH_2OH 基团中 C—H 伸缩振动峰主要在 $2900cm^{-1}$ 附近[258,260-263]。4 种样品主要是物理吸附，没有新物质生成，表明 APP、纳米纤维素的添加没有改变聚氨酯泡沫材料样品的化学结构[252,253,256]。

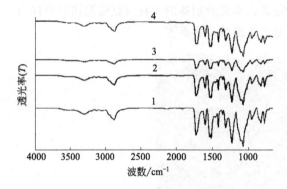

图 2-2 聚氨酯泡沫材料样品的红外光谱

2.2.4 聚氨酯泡沫材料的力学性能

图 2-3 为聚氨酯泡沫材料样品的压缩率与压缩强度的关系曲线。从图 2-3 可以看出，在同等压缩率下，聚氨酯/纳米纤维素泡沫（3 号样品）的压缩强度高于其他聚氨酯泡沫材料，表明纳米纤维素的添加提高了聚氨酯泡沫材料的强度；聚氨酯/聚磷酸铵泡沫（2 号样品）的压缩强度低于聚氨酯泡沫材料（1 号样品）。聚氨酯/纳米纤维素/聚磷酸铵泡沫（4 号样品）的压缩强度高于聚氨酯泡沫材料，但低于聚氨酯/纳米纤维素泡沫。这是因为纳米纤维素中的羟基代替了部分多元醇中的羟基而与异氰酸根反应，纳米纤维素的长链结构可起到增强聚氨酯泡沫材料的作用，并在不影响泡沫形貌与结构的前提下，通过加入阻燃剂来提高其阻燃性。

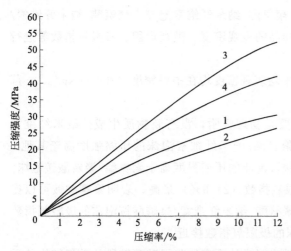

图 2-3 聚氨酯泡沫材料样品的压缩率与压缩强度的关系曲线

2.2.5 聚氨酯泡沫材料的极限氧指数

表 2-3 为聚氨酯泡沫材料样品的极限氧指数（LOI）。LOI 是表征材料阻燃性能的指标之一，LOI<22% 为易燃材料，LOI 在 22%～27% 为可燃材料，LOI>27% 为难燃材料。从表 2-3 可以看出，聚氨酯泡沫材料的 LOI 为 19.50%，聚氨酯/纳米纤维素泡沫的 LOI 为 19.30%，均为易燃材料。聚氨酯/聚磷酸铵泡沫的 LOI 为 24.60%，聚氨酯/纳米纤维素/聚磷酸铵泡沫的 LOI 为 24.50%，均为可燃材料。通过添加阻燃剂聚磷酸铵可以提高聚氨酯泡沫材料、聚氨酯/纳米纤维素泡沫的极限氧指数。纳米纤维素作为增强剂，其用量需根据阻燃用途而定。

⊡ 表 2-3 聚氨酯泡沫材料样品的极限氧指数

样品编号	极限氧指数/%
1	19.50
2	24.60
3	19.30
4	24.50

2.3 结论

依据理论计算和对聚氨酯泡沫材料形貌的单因素优化实验，分别制备了聚氨酯泡沫材料、聚氨酯/聚磷酸铵泡沫、聚氨酯/纳米纤维素泡沫、聚氨酯/纳米纤维素/聚磷酸铵泡沫4种样品，并对4种样品的表观密度、微观形貌、极限氧指数等进行了表征。

① 4种聚氨酯泡沫材料样品的平均表观密度均在中等密度（$20\sim60kg/m^3$）范围内，且其泡孔大小均为中等。

② 4种聚氨酯泡沫材料样品主要是物理吸附，没有新物质生成。纳米纤维素具有增强作用，在同等压缩率下，聚氨酯/纳米纤维素泡沫的压缩强度高于其他3种样品，聚氨酯/纳米纤维素/聚磷酸铵泡沫的压缩强度高于聚氨酯/聚磷酸铵泡沫。

③ 聚氨酯/聚磷酸铵泡沫的极限氧指数（24.6%）最高，表明聚磷酸铵可以提高聚氨酯泡沫材料的极限氧指数。聚氨酯/纳米纤维素/聚磷酸铵泡沫的极限氧指数为24.5%，与聚氨酯/聚磷酸铵泡沫的极限氧指数接近。

聚氨酯是由异氰酸酯与多元醇反应制成的具有氨基甲酸酯链段的重复结构单元的聚合物。聚氨酯泡沫材料是聚氨酯的主要品种，增强和阻燃功能兼备的环境友好型聚氨酯/纳米纤维素/聚磷酸铵泡沫在建筑材料等领域的应用前景广阔[264]。

第**3**章
木质素在聚氨酯泡沫材料中的应用

3.1 膨胀阻燃碱木质素聚氨酯泡沫材料的制备及阻燃性能

聚氨酯泡沫材料（PUF）是以泡孔结构堆积成型，发生弹性形变，闭孔率在90％以上的空间网状高分子材料，具有重量轻，热导率低，黏结性能好、隔声防震等优点，被广泛应用到建筑、保温材料中。但材料极易燃烧并产生大量烟尘，严重影响其应用，尤其由于建筑外墙保温材料着火而引起了大量火灾，对社会造成了严重不良影响。同时随着化石能源的短缺日益严重，木质素中含有大量活泼醇羟基和酚羟基易与异氰酸酯反应，所以将木质素作为聚氨酯多元醇组分之一来制备聚氨酯材料，可进一步结合目前较新型的膨胀阻燃剂（IFR）进行应用，其膨胀体系主要分为酸源、炭源和气源三部分；具有无卤、无毒、低烟、无腐蚀等优点。采用聚磷酸铵与季戊四醇复配组成后，将其添加到泡沫材料中，能迅速改善材料阻燃性能，解决上述问题。本节主要研究内容如下。①将工业碱木质素精制，使其部分代替聚醚多元醇，同聚合 MDI 利用一步发泡法制备碱木质素聚氨酯泡沫材料。通过 LOI 测试研究材料的阻燃性能，通过力学测试测定材料的力学性能。②利用季戊四醇（PER）和聚磷酸铵（APP）复配组成膨胀阻燃剂（IFR）制备碱木质素阻燃聚氨酯泡沫材料。通过 LOI 测试研究材料的阻燃性能，通过力学测试测定材料的力学性能，通过 TGA 测试研究材料的热降解行为，通过 CONE 测试研究材料的燃烧行为，并通过 SEM 对其充分燃烧后残炭的形貌进行分析。

3.1.1 实验

3.1.1.1 材料与仪器

本实验中使用的主要原料见表 3-1。

▫ 表 3-1 本实验中使用的主要原料

名称	纯度/型号	生产商
工业碱木质素	工业级	沈阳普和化工有限公司
聚醚多元醇	4110	烟台市顺达聚氨酯有限责任公司
聚合 MDI	PM200	烟台万华聚氨酯股份有限公司
正戊烷	分析纯	福晨（天津）化学试剂有限公司
丙三醇	分析纯	天津市天力化学试剂有限公司
二月桂酸二丁基锡	分析纯	天津市光复精细化工研究所
三乙胺	分析纯	天津市博迪化工股份有限公司
聚磷酸铵	分析纯	山东世安化工有限公司
季戊四醇	分析纯	福晨（天津）化学试剂有限公司

本实验中使用的主要仪器设备见表 3-2。

▫ 表 3-2 本实验中使用的主要仪器设备

仪器名称	型号	生产商
电子天平	TD	沈阳龙腾电子称量仪器有限公司
电子恒速搅拌机	JHS-1	杭州仪器电表厂
泡沫切割机	HT-2	苏州火炬自动化科技有限公司
微机控制电子万能试验机	RGT-20	深圳瑞格尔仪器有限公司
氧指数测定仪	JF-3	南京市江宁区分析仪器厂
热重分析仪	Q500	美国 TA 公司
锥形量热仪	—	英国 FTT 公司
扫描电子显微镜	TM3030	日本 Hitachi Limited 公司

3.1.1.2 阻燃 PUF/木质素/IFR 材料的制备

将 300g 工业碱木质素溶于 1000mL 蒸馏水中，用质量分数为 8％的 NaOH 溶液调节 pH 值至 13～14，将碱木质素完全溶于溶液中。过滤除去杂质，然后用浓度为 12％的 HCl 在水浴加热至 60℃下调节 pH 值到 2 析出碱木质素，过滤并用蒸馏水洗涤沉淀 3～4 次，测量 pH 值至中性后，在 45℃下真空干燥 36h，即制备出精制碱木质素。

采用一步发泡制备 PUF 材料，工艺流程如图 3-1 所示。步骤如下：将精制后的碱木质素、聚醚多元醇、催化剂、发泡剂等助剂按照配方准确称量并加入 250mL 的烧杯中，然后加入不同比例的 PER 和 APP 复配组成的膨胀阻燃剂，在室温下搅拌均匀，得到均匀的液态混合物，标记为 A 组分。将按配方中称量好的聚合 MDI（记为 B 组分）与 A 组分迅速混合，同时用高速分散机搅拌 10s。当混合物开始膨胀，迅速将其倒入模具中进行发泡成型，待泡沫冷却至室温，从模具中取出。将制得的泡沫置于 80℃的烘箱中放置 24h 熟化处理然后取出待用。选择密度比较均匀的部分按照要求切割成各个标准的样品备用。

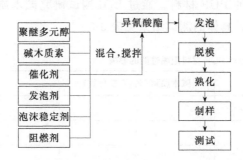

图 3-1　碱木质素阻燃聚氨酯泡沫材料的制备工艺流程

3.1.1.3　PUF/木质素与 PUF/木质素/IFR 材料的性能测试

（1）极限氧指数测试（LOI）　极限氧指数测试采用 JF-3 型氧指数测试仪，按照 GB/T 2406.2—2009 对 PUF 材料进行测试，待测样品尺寸为 120mm×10mm ×10mm。

（2）热降解行为测试（TGA）　采用美国 TA 公司的 Q500 型热重分析仪对 PUF 材料进行测试，得到材料残余物质量、失重峰变化、温度等信息，研究材料热稳定性以及热降解行为。具体测试条件为，称取样品 5mg，在 N_2 的气氛保护下进行，以 10℃/min 的速度进行升温，升温范围为 50～800℃。

（3）锥形量热测试（CONE）　采用英国 FTT 公司的锥形量热仪（标准型）来研究泡沫的热释放速率、热释放速率峰值、烟气生成速率、热释放总量、烟释放总量等阻燃性能。按照 ISQ5660 标准进行测试，热辐射功率为 35kW/m²，待测样品尺寸为 100mm×100mm×20mm。

（4）扫描电子显微镜分析（SEM）　扫描电子显微镜能直观地观察炭层的形貌和结构，建立起炭层的微观形貌和结构与材料阻燃性能的联系。本实验采用日本 Hitachi Limited 公司的 TM3030 型扫描电子显微镜，对喷金后的泡沫泡孔结构及其锥形量热燃烧后的残炭表面进行观察分析。

（5）**力学性能测试** 采用深圳瑞格尔仪器有限公司的 RGT-20 型号微机控制电子万能试验机对泡沫的压缩性能进行测试分析，按国标 GB/T 8813—2008 进行测试，压缩速率为 5mm/min，5 个样品为一组，数据取平均值，样品尺寸为 50mm×50mm×50mm。

3.1.2 结果与分析

3.1.2.1 碱木质素的替代量对 PUF 材料阻燃性能的影响

将精制后的碱木质素部分替代聚醚多元醇与聚合 MDI 混合后通过一步发泡法制备添加碱木质素基的 PUF 材料。通过 LOI 测试研究碱木质素的替代量对 PUF 材料阻燃性能的影响，具体的测试结果见表 3-3。

⊡ 表 3-3 碱木质素的替代量对 PUF 材料阻燃性能的影响

样品	碱木质素/%（质量分数）	LOI/%
1	0	19.1
2	1	19.3
3	2	19.4
4	3	19.5
5	4	19.5
6	5	19.6
7	6	19.5
8	7	19.4
9	8	19.4
10	9	19.3
11	10	19.3
12	15	19.3
13	20	19.2

由表 3-3 数据可知，PUF 材料极易燃烧，且在燃烧的过程中产生大量烟，LOI 值仅为 19.1%。将精制后的碱木质素替代部分聚醚多元醇加入 PUF 材料中，材料的阻燃性能稍有提高。当碱木质素的替代量较少时，材料的 LOI 值稍有提高，这主要是因为较低量的碱木质素对炭层影响较小，不能很好地增加炭层的牢固程度。当碱木质素的替代比例为 5%（质量分数，余同）时，材料的 LOI 值提高到

19.6%，这主要是因为碱木质素的加入能够促进材料的燃烧成炭，同时会使形成的炭层更加牢固，从而起到更好的隔氧隔热的作用，提高材料的阻燃性能。随着碱木质素替代量的继续增加，材料的LOI值呈现出下降趋势，这主要是由于过多的碱木质素加入，使得大量的木质素堆积在炭层表面，导致炭层变得更加疏松，不能起到良好的隔绝作用。因此，以碱木质素代替部分聚醚多元醇量为5%时，PUF材料的阻燃性能最好。

3.1.2.2　PUF/木质素/IFR材料的阻燃性能分析

（1）APP与PER的质量比对碱木质素基PUF材料阻燃性能的影响　由3.1.2.1的实验可知，当碱木质素的替代量为5%时，材料的阻燃效果较好，因此后续的实验中将碱木质素的替代量固定为5%。

首先将阻燃剂的总添加量固定为20%，碱木质素替代聚醚多元醇的比例为5%，APP与PER以不同的质量比混合后制备阻燃碱木质素PUF材料，通过极限氧指数（LOI）研究了PUF材料的阻燃性能，其测试结果如表3-4所示。

⊡ 表3-4　不同质量比的APP与PER对PUF/木质素材料阻燃性能的影响

样品	IFR/%（质量分数）	APP∶PER	LOI/%
1	—	—	19.6
2	20	1∶1	22.7
3	20	2∶1	23.3
4	20	3∶1	23.4
5	20	4∶1	23.1
6	20	5∶1	23.0
7	20	6∶1	22.9

注：APP为聚磷酸铵；PER为季戊四醇；IFR为膨胀阻燃剂。

从表3-4中可以看出，纯的碱木质素PUF材料极易燃烧，其LOI值仅为19.6%。当APP、PER添加到碱木质素基PUF材料中，材料的阻燃性能明显得到改善。当APP/PER的质量比为1∶1时，阻燃PUF材料的LOI值提高到了22.7%，主要是因为膨胀阻燃体系中酸源、炭源和气源没有达到合适比例，气源较多而酸源较少导致泡沫孔径大且炭层不牢固，因此不能达到较好的阻燃效果。随着APP添加量的增多，材料的极限氧指数逐渐增大；当APP/PER的质量比为3∶1时，阻燃PUF材料的极限氧指数增大到最高为23.4%。此时，IFR能促进材料催化成炭，在表面形成了连续致密的炭层，能够有效地起到隔热隔气的作用，阻止热量和空气进入材料内部，抑制材料的进一步燃烧，改善PUF材料的阻燃性能；当APP占量进一步增大时，材料的极限氧指数开始下降，当APP/PER的质量比为

6:1 时，其 LOI 值降低到了 22.9%，主要是因为成炭剂的含量降低，造成材料的成炭能力下降、成炭量减少，不能起到很好的隔绝作用，使阻燃性能降低。当 APP/PER 的质量比为 3:1 时，碱木质素基 PUF 材料阻燃性能最好。

（2）IFR 添加量对碱木质素 PUF 材料阻燃性能的影响　　将 APP 与 PER 以质量比为 3:1 复配组成 IFR，研究 IFR 的不同添加量对 PUF 材料阻燃性能的影响，测试结果如表 3-5 所示。

表 3-5　阻燃剂 IFR 的添加量对 PUF/木质素材料阻燃性能的影响

样品	IFR/%（质量分数）	碱木质素/%（质量分数）	LOI/%
1	5	5	21.9
2	10	5	22.4
3	15	5	22.8
4	20	5	23.4
5	21	5	23.4
6	22	5	23.5
7	23	5	23.6
8	24	5	23.7
9	25	5	23.8
10	26	5	23.9
11	27	5	24.1
12	28	5	24.2
13	29	5	24.4
14	30	5	24.8

从表 3-5 中可以看出，当膨胀阻燃剂（IFR）的添加量为 5% 时，LOI 值有所提高，达到 21.9%。当 IFR 的加入量较少时，对于材料的催化成炭影响较低，导致成炭量较少，对热量和空气不能起到很好的阻隔作用，导致材料的阻燃性能不理想。随着 IFR 加入量的逐渐增多，PUF 材料的 LOI 值不断上升。当添加量为 30% 时，材料的 LOI 值达到了 24.8%，此时在材料表面形成的炭层能对气体和能量起到隔绝作用，从而提高材料的阻燃性能。相比于前期报道的阻燃 PUF 材料，该 IFR 体系的阻燃效率更高。

3.1.2.3　PUF/木质素/IFR 材料的热降解行为

图 3-2 为纯 PUF、PUF/5% 木质素和 PUF/5% 木质素/30% IFR 的 TGA 和 DTG 曲线，相关的热重分析数据见表 3-6。

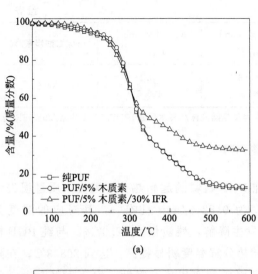

(a)

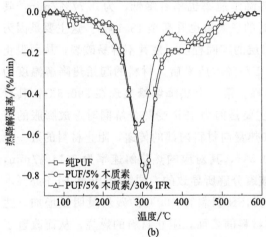

(b)

图 3-2　纯 PUF、　PUF/5% 木质素、　PUF/5% 木质素/30% IFR 的 TGA（a）和 DTG（b）曲线图

注：含量（%）皆为质量分数

⊡ 表 3-6　纯 PUF、　PUF/5% 木质素、　PUF/5% 木质素/30% IFR 的热降解数据

样品	$T_{5\%}$/℃	$R_{峰1}$/（%/min） $T_{峰1}$/℃	$R_{峰2}$/（%/min） $T_{峰2}$/℃	600℃残炭量/%
纯 PUF	187.9	−0.82 310.8	—	12.37
PUF/5%木质素	208.3	−0.77 308.8	—	13.16

样品	$T_{5\%}$/℃	$R_{峰1}$/（％/min）$T_{峰1}$/℃	$R_{峰2}$/（％/min）$T_{峰2}$/℃	600℃残炭量/％
PUF/5％木质素/30％IFR	208	−0.56 290.5	−0.14 420.5	32.63

注:1. 纯PUF为聚氨酯泡沫;PUF/5％木质素为聚氨酯泡沫/5％木质素;PUF/5％木质素/30％IFR为聚氨酯泡沫/5％木质素/30％膨胀阻燃剂。

2. 含量（％）皆为质量分数;R_1、R_2中"—"表示降解。

从图3-2及表3-6中可以看出，纯PUF材料的起始热分解温度（质量损失为5％时）为187.9℃，峰值热降解速率为0.82％/min且唯一，其对应的温度为310.8℃，大部分材料在600℃时已经发生降解，残炭量为12.37％。与纯PUF材料相比较，PUF/5％木质素材料的起始热分解温度明显提高，达到208.3℃；在降解过程中也只有一个热降解峰，最大热降解速率也稍有降低，为0.77％/min，其对应的温度也降低至308.8℃，600℃时的残炭量也升高至13.16％。这主要是因为碱木质素的加入会增加材料燃烧生成炭层的牢固程度，使其不容易破裂，从而阻止内部材料的燃烧。而将IFR添加到PUF/5％木质素后，材料的起始热降解温度为208℃，在降解过程中呈现两个热降解峰。第一个热降解峰出现在290.5℃，其对应最大热降解速率为0.56％/min，这主要是因为IFR受热分解同时形成膨胀的炭层包裹在材料的表面，起到隔绝氧气和热量向材料内部的传递，阻止材料的进一步燃烧分解。第二个热降解峰出现在420.5℃，其对应的热降解速率为0.14％/min，这一阶段主要是由于IFR形成的炭层破裂分解所导致的。同纯PUF和PUF/5％木质素材料相比较，PUF/5％木质素/30％IFR材料在600℃的残炭量明显增加，达到32.63％，连续致密的炭层会附着在材料的表面，阻止材料的燃烧，从而改善了材料的阻燃性能。

3.1.2.4 PUF/木质素/IFR材料的燃烧行为

图3-3为纯PUF、PUF/5％木质素和PUF/5％木质素/30％IFR的HRR和THR曲线，相关的锥形量热分析数据见表3-7。

由表3-7数据可知，在起始点燃时间方面，纯PUF材料的点燃时间（TTI）为3s，而添加了碱木质素后材料的TTI稍有提前，这主要是碱木质素中苯环结构会促进材料的降解，对其起到了催化作用。加入IFR后，阻燃PUF材料的TTI同样稍有提前，因为IFR的加入能够加快PUF材料的降解行为与燃烧行为，从而能够减小材料的TTI。

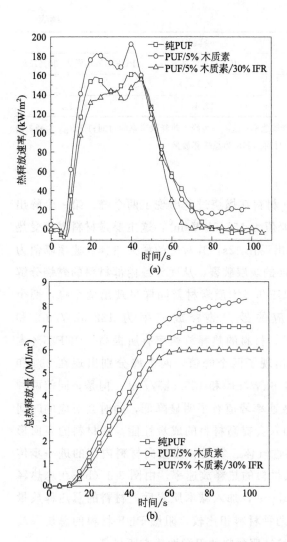

图 3-3 纯 PUF、 PUF/5%木质素、 PUF/5%木质素/30%IFR 的 HRR（a）和 THR（b）曲线
注：含量（%）皆为质量分数

▣ 表 3-7 纯 PUF、 PUF/5%木质素、 PUF/5%木质素/30%IFR 的锥形量热测试数据

属性	样品		
	PUF	PUF/5％木质素	PUF/5％木质素/30％IFR
TTI/s	3	2	2
$HRR_{峰1}$/(kW/m²)	157.9	182.6	144.6
$t_{HRR_{峰1}}$/s	22	23	33
$HRR_{峰2}$/(kW/m²)	162.6	192.3	155.5
$t_{HRR_{峰2}}$/s	42	40	45

属性	样品		
	PUF	PUF/5％木质素	PUF/5％木质素/30％IFR
THR/(mJ·m^2)	7.0	8.2	6.0
残炭量/％	16.1	17.4	21.3

注:1. TTI 为点燃时间;HRR$_{峰1}$ 为峰1的热释放速率;$t_{HRR_{峰1}}$ 为峰1热释放速率的时间;HRR$_{峰1}$ 为峰1的热释放速率;$t_{HRR_{峰2}}$ 为峰2热释放速率的时间;THR 为总热释放量。

2. 含量(％)皆为质量分数。

从图 3-3（a）可以看出，纯 PUF 材料在燃烧过程出现了两个峰。第一个峰出现在 22s，其对应的最大热释放速率峰值为 157.9kW/m^2，这主要是材料燃烧受热分解从而释放出大量的热。第二个峰出现在 42s，其对应的最大热释放速率峰值为 162.6kW/m^2，这主要是由于材料表面的炭层破裂，从而导致内部材料的燃烧分解从而释放出热。加入碱木质素后，PUF/5％木质素材料同样呈现出两个峰，两个峰分别出现在 23s 和 40s，其对应的最大热释放速率为 182.6kW/m^2 和 192.3kW/m^2，同纯 PUF 材料相比较，材料的热释放速率有所提高。PUF/5％木质素/30％IFR 材料在燃烧的过程中出现了两个峰值，两个峰分别出现在 33s 和 45s，其对应的最大热释放速率为 144.6kW/m^2 和 155.5kW/m^2。但是，同前两种材料相比较，阻燃 PUF 材料的热释放速率峰值有了明显降低，同时其对应的时间也稍有延后，这主要是因为 IFR 的加入会提高材料的成炭性能，在材料的表面形成膨胀、连续致密的炭层，隔绝可燃性气体、氧气和热量向材料内部的进一步传递，阻燃内部材料的燃烧，从而降低材料的热释放速率。由图 3-3（b）在总热释放量方面可知，纯 PUF 材料为 7.0MJ/m^2，加入碱木质素后，材料的总热释放量稍有提高，达到了 8.2MJ/m^2。同前两种材料相比较，阻燃 PUF 材料的总热释放量明显降低，达到了 3.0MJ/m^2，直接证明材料的阻燃性能有所提高。

由表 3-7 数据可知，同纯 PUF 材料相比较，PUF/5％木质素材料的残炭量稍有增加，这主要是碱木质素的加入会提高材料表面炭层的牢固程度，从而起到隔绝的作用。而 IFR 加入后，阻燃 PUF 材料的残炭量明显增加，达到 21.3％；同样证明了 IFR 的加入能提高材料的阻燃性能。

3.1.2.5 PUF/木质素/IFR 材料的残炭形貌分析

膨胀阻燃剂主要在凝聚相中发挥作用，所以炭层的连续致密程度对材料的阻燃性能的改善尤为关键。图 3-4 为纯 PUF、PUF/5％木质素、PUF/5％木质素/30％IFR 材料充分燃烧后残炭的数码图片[（a）、（b）、（c）]和扫描电子显微镜图片[（d）、（e）、（f）]。

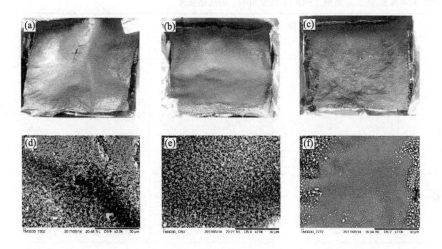

图 3-4 残炭的数码图片：纯 PUF(a)、PUF/5%木质素(b)、PUF/5%木质素/30%IFR(c)

残炭的扫描电子显微镜（SEM）图片：纯 PUF(d)、PUF/5%木质素(e)、PUF/5%木质素/30%IFR(f)

注：含量（%）皆为质量分数

从残炭的表面形貌可以看出，纯 PUF 材料充分燃烧后残炭表面有很多连续的孔洞，同时炭层不连续致密，如图 3-4（a）、（d）所示。而添加碱木质素后，材料燃烧后形成的炭层孔洞变小，但是炭层仍旧存在许多孔隙，牢固程度较差，隔绝作用较差，如图 3-4（b）、（e）所示。加入 IFR 后，材料表面炭层光滑且连续致密，其能够有效地隔热、隔气，抑制材料的进一步反应，改善材料的阻燃性能，如图 3-4（c）、（f）所示。

3.1.2.6　PUF/木质素/IFR 材料的压缩性能分析

PUF/IFR 的压缩强度测试结果如表 3-8 所示。从表 3-8 中数据可以看出，纯 PUF 材料的压缩强度只有 40.49kPa，加入木质素后稍微增强了材料的压缩性能，压缩强度提高到 43.80kPa。这主要是由于木质素上活泼的羟基与—NCO 基团发生交联反应，增加压缩强度；此外，一部分未反应的木质素填充到聚氨酯基体中，其分子结构对聚氨酯基体也起到增强作用。但加入的质量过量时，造成发泡困难会导致力学性能急速下降。加入少量膨胀阻燃剂 IFR 后，力学性能得到较大提升，当添加量为 20%时，压缩强度提高到 54.76 kPa。这主要是由于固体粉末状 IFR 能够均匀地分散在泡沫材料中，能增大发泡比，起到填充的作用，使得材料压缩强度增大。但随着 IFR 添加量的进一步增加，压缩强度的数值开始呈减小趋势。这是由于 IFR 的添加量过多导致材料内部的泡孔结构遭到破坏，故 PUF 材料的压缩强度逐渐下降。

⊡ 表 3-8　聚氨酯泡沫/木质素/膨胀阻燃剂（PUF/木质素/IFR）的压缩强度

样品	碱木质素/%（质量分数）	IFR/%（质量分数）	压缩强度/kPa
1	0	0	40.49
2	5	0	43.80
3	5	5	47.27
4	5	10	52.33
5	5	15	56.18
6	5	20	54.76
7	5	21	40.47
8	5	22	39.05
9	5	23	39.08
10	5	24	38.15
11	5	25	37.72
12	5	26	37.59
13	5	27	36.54
14	5	28	36.08
15	5	29	35.09
16	5	30	25.80

3.1.3　小结

通过 LOI 测试表明，碱木质素的加入能够初步提高 PUF 材料的阻燃性能，在碱木质素的添加量为 5% 时，PUF 材料的阻燃性能最好，其 LOI 值为 19.6%；能够初步改善材料的压缩性能，降低材料的热降解速率，增大起始热降解温度，提高材料在 600℃ 时的残炭量，但会略微增大材料燃烧时的热释放速率与热释放量。膨胀阻燃剂 IFR 对碱木质素聚氨酯泡沫材料具有很好的阻燃效率；当碱木质素的替代量为 5%，APP 和 PER 的质量比为 3：1、阻燃剂的添加量为 30% 时，PUF 材料极限氧指数达到了 24.8%，得到较大提升。适量的木质素与 IFR 均能初步提高 PUF 材料的压缩性能，但是当添加过量时，也会造成力学性能的急速下降。与纯 PUF 和 PUF/木质素相比较，IFR 的加入使材料的起始热分解温度降低，极大降低材料的最大热降解速率，同时降低材料的热释放速率和总热释放量，并且催化材料降解成炭，在表面形成连续膨胀的炭层，有效地隔绝热量与空气，抑制材料的进一步反应，提高材料的阻燃性能。

3.2 次磷酸铝阻燃碱木质素聚氨酯泡沫材料的制备及阻燃性能

目前被广泛使用的新型阻燃剂除 3.1 节中提到的膨胀阻燃剂外，次磷酸铝（AHP）也是性能优异且对环境友好的一种无卤无毒阻燃剂，磷含量高达 41.89%，热稳定性和水解稳定性均良好，加工时不引起聚合物的分解。在其制备出后被应用到硬质聚氨酯泡沫材料，阻燃级别能达到美国 UL-94 标准的 V-0 级，极大地改善阻燃性能。本节研究内容为将次磷酸铝（AHP）作为阻燃剂添加到 PUF 材料中制备碱木质素基阻燃聚氨酯泡沫材料。通过 LOI 测试研究材料的阻燃性能，并通过力学测试测定材料的力学性能，通过 TG 测试研究材料的热降解行为和成炭性能，通过 CONE 测试研究材料的燃烧行为，对其充分燃烧后残炭的形貌通过 SEM 进行分析。

3.2.1 实验

3.2.1.1 材料与仪器

本实验中所用到的主要原料见表 3-9。

⊡ 表 3-9 本实验中使用的主要原料

名称	纯度/型号	生产商
工业碱木质素	工业级	沈阳普和化工有限公司
聚醚多元醇	4110	烟台市顺达聚氨酯有限责任公司
聚合 MDI	PM200	烟台万华聚氨酯股份有限公司
正戊烷	分析纯	福晨(天津)化学试剂有限公司
丙三醇	分析纯	天津市天力化学试剂有限公司
二月桂酸二丁基锡	分析纯	天津市光复精细化工研究所
三乙胺	分析纯	天津市博迪化工股份有限公司
次磷酸铝	4110	浙江省恒丰实业有限公司

本节主要制备与测试 PUF/木质素/AHP 材料仪器设备同 3.1.1.1 内容。

3.2.1.2 阻燃 PUF/木质素/AHP 材料的制备

利用次磷酸铝（AHP）作为阻燃剂，将其添加到碱木质素聚氨酯泡沫材料中，以提高材料阻燃性能。研究此种阻燃剂不同添加量对材料阻燃性能的影响，分析阻燃材料的阻燃机理。阻燃 PUF/IFR/AHP 材料的加工工艺流程同图 3-1。制备步骤如下：将木质素代替一部分聚醚多元醇，准确称量后加入催化剂、发泡剂、稳泡剂等助剂，再加入不同比例的次磷酸铝（AHP），在室温下用搅拌棒搅拌均匀，得到黏稠状均匀混合物，将此称为 A 组分。再按 1∶1.15 的比例准确称量出异氰酸酯（MDI）放入烧杯中，称为 B 组分。采用一步发泡法，将 A、B 两组分迅速混合搅拌均匀，观察，待其开始膨胀时倒入模具中进行发泡，成型后取出冷却至室温。将制得的泡沫放入 80℃的烘箱中进行熟化 24h，取出后按照测试标准选取发泡均匀部分，切割成样品待用。

3.2.1.3　阻燃 PUF/木质素/AHP 材料性能测试

本节阻燃 PUF/木质素/AHP 材料性能测试同 3.1.1.3 内容。

3.2.2　结果与分析

3.2.2.1　阻燃 PUF/木质素/AHP 材料的阻燃性能分析

同样将碱木质素的替代量固定为 5％。

⊡ 表 3-10　阻燃剂 AHP 的添加量对阻燃 PUF/木质素材料阻燃性能的影响

样品	AHP/％（质量分数）	碱木质素/％（质量分数）	LOI/％
1	5	5	22.0
2	10	5	23.3
3	15	5	24.2
4	20	5	24.8
5	21	5	24.9
6	22	5	24.9
7	23	5	25.0
8	24	5	25.1
9	25	5	25.3
10	26	5	25.4
11	27	5	25.4
12	28	5	25.4
13	29	5	25.5
14	30	5	25.6

从表 3-10 中可以看出当 AHP 的添加量为 5％时，极限氧指数为 22％，较纯 PUF 有所提高，但是因为此时添加量较少，对于材料催化成炭的影响较低，导致成炭量较少，对热量和空气不能起到很好的阻隔作用，导致材料的阻燃性能不理想。随着 AHP 的增加，泡沫聚氨酯材料的阻燃性能显著提高。当阻燃剂 AHP 添

加量为 30％时，极限氧指数达到最大，为 25.6％。因为 AHP 燃烧时会产生 PH_3，而产生的 PH_3 能捕捉材料燃烧时产生的自由基，从而抑制燃烧反应，降低燃烧反应的强度，在气相中发挥阻燃作用。同时，AHP 降解还能产生大量磷酸铝和焦磷酸铝形成致密的无机炭层阻隔物质和能量的传递，抑制内部材料的进一步降解和燃烧，从而提高材料的阻燃性能。同时，还能够得出 PUF 材料的阻燃性能会随着阻燃剂 AHP 添加量的增加不断提高的结论。

3.2.2.2 阻燃 PUF/木质素/AHP 材料的热降解行为

选用纯 PUF、PUF/木质素以及 PUF/木质素/AHP 材料作为研究对象，对其热降解行为进行分析与研究。图 3-5 和表 3-11 分别是在氮气气氛下纯 PUF、PUF/5％木质素、PUF/5％木质素/30％AHP 材料热失重曲线和热失重数据。

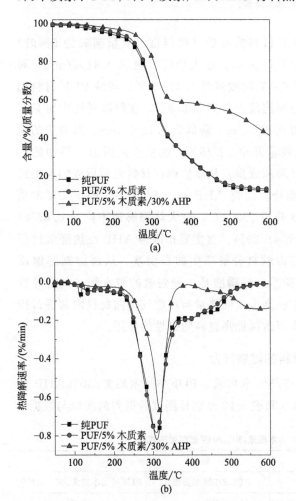

图 3-5 纯 PUF、 PUF/5％木质素、 PUF/5％木质素/30％AHP 的 TGA（a）和 DTG（b）曲线

样品	$T_{5\%}$/℃	$R_{峰1}$/（％/min） $T_{峰1}$/℃	$R_{峰2}$/（％/min） $T_{峰2}$/℃	600℃残炭量/%
纯 PUF	187.9	−0.82 310.8	—	12.37
PUF/5％木质素	208.3	−0.78 307.8	—	13.16
PUF/5％木质素 /30％AHP	250.5	−0.67 317.1	−0.14 554.5	41.29

注：1. 纯 PUF 为聚氨酯泡沫；PUF/5％木质素为 5％木质素的聚氨酯泡沫；PUF/5％木质素/30％AHP 为 5％木质素 30％次磷酸铝的聚氨酯泡沫。

2. 含量（％）皆为质量分数；R_1、R_2 中"—"表示降解。

由图 3-5 和表 3-11 可知，纯 PUF 材料的起始分解温度（质量损失为 5％时）为 187.9℃，在降解的过程中有一个热降解峰，最大热降解速率 0.82％/min，对应其热降解温为 310.8℃，材料在 600℃时残炭量为 12.37％。与纯 PUF 材料相比，PUF/5％木质素材料的起始热分解温度上升到 208.3℃，在降解过程中也只有一个热降解峰，最大热分解速率也由 0.82％/min 降低到 0.78％/min，其对应的温度降至 307.8℃，同时在 600℃的残炭量升至 13.16％。这主要是因为材料中的木质素在热降解过程中会促进材料的降解和成炭，从而使得在材料表面形成的炭层致密度更大，阻止内部材料的进一步燃烧。而将 AHP 加入 PUF 中，PUF/5％木质素/30％AHP 材料的初始热分解温度升至 250.5℃，最大热降解速率降至 0.67％/min，同时在 600℃的残炭量也升高至 41.29％。这主要是因为 AHP 在热降解过程中会产生 PH_3，而产生的 PH_3 能捕捉材料分解产生的自由基，从而抑制降解反应；AHP 在分解的过程中会产生偏磷酸，偏磷酸是一种强效的脱水剂，其会导致残炭量的增加，形成的炭层能够阻止燃烧生成的热量与可燃气体向材料内部进行传递，以上效果同时作用在反应中，从而达到提高材料阻燃性的作用。

3.2.2.3 阻燃 PUF/木质素/AHP 材料的燃烧行为

采用锥形量热仪对纯 PUF、PUF/5％木质素、PUF/5％木质素/30％AHP 材料的燃烧行为进行分析与研究。图 3-6 和表 3-12 分别是测试后得到的曲线与数据。

⊡ 表 3-12 纯 PUF、 PUF/5％木质素、 PUF/5％木质素/30％AHP 锥形量热数据

属性	样品		
	纯 PUF	PUF/5％木质素	PUF/5％木质素/30％AHP
$HRR_{峰1}$/(kW/m²)	157.9	182.9	98.7

属性	样品		
	纯 PUF	PUF/5％木质素	PUF/5％木质素/30％AHP
$t_{HRR_{峰1}}$/s	22	23	23
HRR$_{峰2}$/(kW/m^2)	162.6	192.7	75.2
$t_{HRR_{峰2}}$/s	45	40	62
THR/(MJ/m^2)	7.02	8.25	5.23
残炭量/％	16.1	17.4	18.6

注：1. HRR$_{峰1}$为峰1的热释放速率；$t_{HRR_{峰1}}$为峰1热释放速率的时间；HRR$_{峰2}$为峰2的热释放速率；$t_{HRR_{峰2}}$为峰2热释放速率的时间；THR为总热释放量。

2. 含量（％）皆为质量分数。

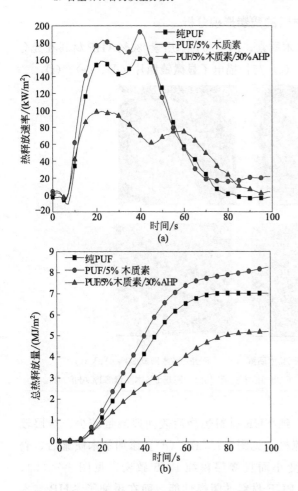

图 3-6 纯 PUF、 PUF/5％木质素和 PUF/5％木质素/30％AHP 的 HRR（a）和 THR（b）曲线

由图 3-6 和表 3-12 可知，纯 PUF 材料在点燃后燃烧迅速，在燃烧过程中出现两个峰，分别出现在 22s 时的峰值为 157.9kW/m² 与 45s 时的峰值为 162.6kW/m²。和纯 PUF 相比较，PUF/5％木质素热释放速率与总热释放量均有所上升，这主要是因为起始时木质素能促进材料燃烧成炭，导致热释放速率增加，且木质素的单位热释放量大于 PUF 材料。而将 AHP 加入到 PUF 中，PUF/5％木质素/30％AHP 材料的热释放速率与总热释放量明显下降，峰值热释放速率由 157.9kW/m² 下降到 98.7kW/m²，总热释放量也由 7.02MJ/m² 下降到 5.23MJ/m²，残炭量上升到 18.6％。这主要是由于 AHP 热分解能产生 PH_3 与焦磷酸铝能抑制材料的进一步燃烧，使残炭量增加；还能够在分解时生成水，其气化能够带走大量热，从而降低了热释放速率与总热释放量，提高了材料的阻燃性能。

3.2.2.4 阻燃 PUF/木质素/AHP 材料的残炭形貌分析

图 3-7 分别是纯 PUF、PUF/5％木质素、PUF/5％木质素/30％AHP 材料在充分燃烧后的残炭的数码照片（a）、（b）、（c）与扫描电子显微镜照片（d）、（e）、（f）。

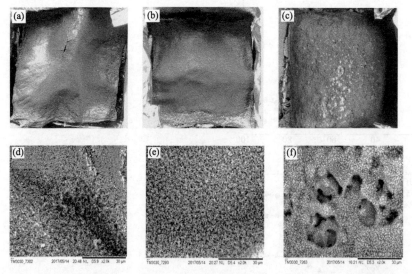

图 3-7　残炭的数码照片：纯 PUF（a）、　PUF/5％木质素（b）、　PUF/5％木质素/30％AHP（c）
残炭的扫描电镜（SEM）照片：纯 PUF（d）、　PUF/5％木质素（e）、　PUF/5％木质素/30％AHP（f）

从残炭的表面形貌中可以看出，纯 PUF 材料燃烧后表面残炭量较少，炭层较薄且残炭表面孔洞较多，而且炭层疏松，见图 3-7（a）、（d）。添加了木质素后，表面残炭量略微增多，残炭表面孔洞变小而且炭层较纯 PUF 致密，见图 3-7（b）、（e），说明木质素的添加初步改善了 PUF 材料的阻燃性能。而在添加了 AHP 与木质素后，PUF/5％木质素/30％AHP 材料表面残炭量显著增加，且在材料的表面形成连续致密的炭层，炭层表面较为光滑。虽有较大坑洞，但坑洞内部表面仍光滑致密，见图 3-7（c）、（f）。该致密无机炭层能够阻止材料的进一步降解和燃烧，从而提高材料的阻燃性。

3.2.2.5　阻燃 PUF/木质素/AHP 材料的压缩性能分析

阻燃 PUF/木质素/AHP 材料的压缩强度测试结果如表 3-13 所示。从表 3-13 中数据可以看出，同 3.1.2.5 分析所示，碱木质素初步改善材料的力学性能。在 AHP 添加量为 20％时，压缩强度达到 58.25kPa，远高于纯 PUF 的 40.49kPa。这也同样是由于 AHP 起到无机填料与增强剂的作用，当其均匀地分散在泡沫材料中时，能够起到填充的作用，使得材料压缩强度增大。继续添加以后同样呈现出下降趋势，添加量为 30％时材料压缩性能降至 48.26kPa；当添加过量后会造成发泡困难，使力学性能急剧下降。

⊡ 表 3-13　PUF/木质素/AHP 的压缩强度

样品	碱木质素/％	AHP/％[①]	压缩强度/kPa
1	0	0	40.49
2	5	0	43.80
3	5	5	45.92
4	5	10	49.06
5	5	15	54.66
6	5	20	58.25
7	5	21	56.97
8	5	22	56.20
9	5	23	55.46
10	5	24	53.67
11	5	25	53.30
12	5	26	51.64
13	5	27	50.51
14	5	28	50.13
15	5	29	49.14
16	5	30	48.26

① 含量（％）为质量分数。

3. 2. 3　小结

阻燃剂次磷酸铝（AHP）能有效地改善碱木质素基聚氨酯材料的阻燃性能，通过 LOI 测试表明，随着 AHP 添加量的增加，PUF 材料的极限氧指数不断上升，当木质素添加量为聚醚多元醇 5％，AHP 的添加量为 30％时，PUF/木质素/AHP 材料的 LOI 值达到了 25.6％。AHP 加入后能初步改善碱木质素基聚氨酯材料的力学性能。当添加量为 20％时，PUF/木质素/AHP 材料的压缩强度较纯 PUF 的 40.49kPa 达到 58.25kPa，但过量时仍然会导致材料力学性能急剧下降。通过热重与锥形量热测试得出 AHP 的加入能够有效降低材料的热降解速率，PUF/5％木质素/30％AHP 材料的峰值热降解速率由纯 PUF 与 PUF/5％木质素的 0.82％/min、0.78％/min 降至 0.67％/min，且热释放速率与总热释放量明显下降，也能促进材料成炭，提高材料的阻燃性能。

3. 3　次磷酸铝协效膨胀阻燃碱木质素聚氨酯泡沫材料的制备及阻燃性能

前两节已经分别探究了 AHP 与 IFR 对于 PUF 的阻燃性能改善情况，但单独使用一种阻燃剂对性能提升幅度有限。近年来，对于阻燃剂间的各种协同作用的研究逐渐兴起，对阻燃协同效应的研究与应用逐渐得到国内外学者的广泛重视。阻燃协效作用机理主要有协同成炭作用、催化成炭作用和改变炭层结构作用等。所以在体系中阻燃协效剂可能具有一种甚至几种协效机理，因此对于阻燃协效剂的研究有重要意义。本节研究内容为将膨胀阻燃剂（IFR）与次磷酸铝（AHP）复配添加到 PUF 材料中制备碱木质素阻燃聚氨酯泡沫材料。通过 LOI 测试研究材料的阻燃性能，通过力学测试测定材料的力学性能，通过 TG 测试研究材料的热降解行为和成炭性能，通过 CONE 测试研究材料的燃烧行为，并对其充分燃烧后残炭的形貌通过 SEM 进行分析。

3. 3. 1　实验

3. 3. 1. 1　材料与仪器

本实验中使用的主要原料见表 3-14。

⊡ 表 3-14 本实验中使用的主要原料

名称	纯度/型号	生产商
工业碱木质素	工业级	沈阳普和化工有限公司
聚醚多元醇	4110	烟台市顺达聚氨酯有限责任公司
聚合 MDI	PM200	烟台万华聚氨酯股份有限公司
正戊烷	分析纯	福晨（天津）化学试剂有限公司
丙三醇	分析纯	天津市天力化学试剂有限公司
二月桂酸二丁基锡	分析纯	天津市光复精细化工研究所
三乙胺	分析纯	天津市博迪化工股份有限公司
聚磷酸铵	分析纯	山东世安化工有限公司
季戊四醇	分析纯	福晨（天津）化学试剂有限公司
次磷酸铝	4110	浙江省恒丰实业有限公司

本节主要制备与测试 PUF/木质素/IFR/AHP 材料仪器设备同 3.1.1.1 内容。

3.3.1.2 阻燃 PUF/木质素/IFR/AHP 材料的制备

利用次磷酸铝（AHP）与膨胀阻燃剂（IFR）复配组成协效阻燃剂，将其添加到碱木质素聚氨酯泡沫材料中。研究此种阻燃剂不同添加量对材料阻燃性能的影响，分析阻燃材料的阻燃机理。PUF/木质素/IFR/AHP 材料的加工工艺流程同图 3-1。制备步骤如下：将木质素代替一部分聚醚多元醇，准确称量后加入催化剂、发泡剂、稳泡剂等助剂，然后加入不同比例的 AHP 和 IFR 复配组成的协效阻燃剂，在室温下用搅拌棒搅拌均匀，得到黏稠状均匀混合物，将其称为 A 组分；再按 1∶1.15 的比例准确称量出异氰酸酯（MDI）放入烧杯中，称为 B 组分。采用一步发泡法，将 A、B 两组分迅速混合搅拌均匀，观察，待其开始膨胀时倒入模具中进行发泡，成型后取出冷却至室温。将制得的泡沫放入 80℃ 的烘箱中进行熟化 24h，取出后按照测试标准选取发泡均匀部分切割成样品待用。

3.3.1.3 阻燃 PUF/木质素/IFR/AHP 材料性能测试

本节主要制备与测试 PUF/木质素/IFR/AHP 材料仪器设备同 3.1.1.3 内容。

3.3.2 结果与分析

3.3.2.1 PUF/木质素/IFR/AHP 材料的阻燃性能分析

（1）IFR 与 AHP 的质量比对碱木质素基 PUF 材料阻燃性能的影响 首先将阻燃剂的总添加量固定为 20%，碱木质素替代聚醚多元醇比例为 5%，IFR 与 AHP 以不同的质量比混合后制备阻燃碱木质素基 PUF 材料，通过 LOI 研究 PUF

材料的阻燃性能，其测试结果如表 3-15 所示。

▣ 表 3-15　不同质量比的 IFR 与 AHP 对 PUF/木质素材料阻燃性能的影响

样品	IFR＋AHP/％[①]	IFR：AHP	LOI/％
1	—	—	19.6
2	20	1：0	23.4
3	20	0：1	24.8
4	20	1：1	24.9
5	20	1：2	24.6
6	20	1：3	24.5
7	20	1：4	24.4
8	20	1：5	24.3
9	20	1：6	24.3
10	20	2：1	25.0
11	20	3：1	24.8
12	20	4：1	24.8
13	20	5：1	24.7
14	20	6：1	24.6

① 含量(％)为质量分数。

从表 3-15 中可以得出，纯的碱木质素基 PUF 材料 LOI 值仅为 19.6％。单独加入 IFR 20％时，虽改善了阻燃性能，但阻燃效果一般 LOI 值为 23.4％。单独加入 AHP 20％时，阻燃效果优于 IFR，其 LOI 值达到了 24.8％。当两者复配混合加入，从表 3-15 中可以看出随着 AHP 含量的增加，极限氧指数呈下降趋势，在质量比为 1：1 时的 LOI 值最高为 24.9％，已优于两者单独加入。其原因可能是当 IFR 含量较少时，不能有效地促进材料成炭。当 IFR 的含量增高，在质量比为 2：1 时，阻燃效果最好，LOI 值达到 25.0％。但随着 IFR 添加量逐渐增加，极限氧指数又逐渐降低，这可能是因为 AHP 的含量较低时，不能很好地起到气相阻燃作用。由此得出，AHP 与 IFR 复配混合之间存在着最佳比例，即 IFR：AHP＝2：1 时，达到理想阻燃效果阻燃性能最好，其 LOI 值为 25.0％。

（2）IFR 与 AHP 的添加量对碱木质素基 PUF 材料阻燃性能的影响　由上述结果，固定 IFR：AHP＝2：1 进行复配混合制成协效阻燃剂，将其应用到聚氨酯泡沫材料中，探究阻燃剂不同添加量对材料阻燃性能的影响，测试结果如表 3-16 所示。

▣ 表 3-16　阻燃剂的添加量对 PUF/木质素材料阻燃性能的影响

样品	IFR＋AHP/％[①]	碱木质素/％[①]	LOI/％
1	0	5	19.6

样品	IFR＋AHP/%[①]	碱木质素/%[①]	LOI/%
2	21	5	25.0
3	22	5	25.1
4	23	5	25.1
5	24	5	25.2
6	25	5	25.3
7	26	5	25.4
8	27	5	25.6
9	28	5	25.7
10	29	5	25.9
11	30	5	26.0

① 含量(%)为质量分数。

从表 3-16 中可以得出，随着阻燃剂添加量的不断增加，阻燃性能不断优化，在阻燃剂添加量为 30％时，LOI 值达到 26.0％，高于二者单独加入时的 24.8％与 25.6％，表现出极好的阻燃性能。这主要是由于膨胀阻燃剂 IFR 在燃烧过程中会在材料表面形成致密的膨胀炭层，能够起到隔绝空气与热量传递的作用，阻止材料的进一步燃烧，保护剩余材料，起到阻燃作用。而 AHP 在燃烧时能够产生 PH_3，产生的 PH_3 能捕捉材料燃烧时产生的自由基，从而抑制燃烧反应，降低燃烧的反应强度，在气相中发挥阻燃作用。AHP 还能够促进膨胀炭层生成，起到协效阻燃作用，同时在其降解后产生的磷酸铝和焦磷酸铝也能形成炭层，同膨胀炭层结合使其更致密，阻隔物质和能量的传递，抑制了内部材料进一步降解和燃烧，提高材料阻燃性能。

3.3.2.2　PUF/木质素/IFR/AHP 材料的热降解行为

图 3-8 和表 3-17 分别是在氮气气氛下 PUF/5％木质素/30％IFR、PUF/5％木质素/30％AHP、PUF/5％木质素/30％（IFR＋AHP）热失重曲线和热失重数据。

表 3-17　三种阻燃聚氨酯泡沫的热降解数据

样品	$T_{5\%}$/℃	$R_{峰1}$/（%/min） $T_{峰1}$/℃	$R_{峰2}$/（%/min） $T_{峰2}$/℃	残炭量 600℃/%
PUF/5％木质素 /30％IFR	208.0	−0.56 290.5	−0.14 420.5	32.63
PUF/5％木质素 /30％AHP	250.5	−0.67 317.1	−0.14 554.5	41.29

续表

样品	$T_{5\%}/℃$	$R_{峰1}/（\%/min）$ $T_{峰1}/℃$	$R_{峰2}/（\%/min）$ $T_{峰2}/℃$	残炭量 600℃/%
PUF/5%木质素 /30%（IFR＋AHP）	243.0	−0.54 305.2	—	46.13

注：1. PUF/5%木质素/30%IFR 为 5%木质素 30%膨胀阻燃剂的聚氨酯泡沫；PUF/5%木质素/30%AHP 为 5%木质素 30%次磷酸铝的聚氨酯泡沫；PUF/5%木质素/30%（IFR＋AHP）为 5%木质素 30%膨胀阻燃剂次磷酸铝复配的聚氨酯泡沫。

2. 含量（%）皆为质量分数。

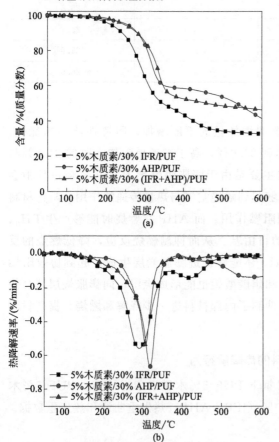

图 3-8　PUF/5%木质素/30%IFR、　PUF/5%木质素/30%AHP、
PUF/5%木质素/30%（IFR＋AHP）的 TGA（a）和 DTG（b）曲线图

　　从图 3-8 及表 3-17 中可以看出，加入阻燃剂后 PUF 材料的阻燃性能得到显著提升，当 IFR 与 AHP 组成的复配阻燃剂加入后，PUF/5%木质素/30%（IFR＋AHP）材料的起始热降解温度为 243℃，在降解过程中只出现一个热降解峰，对应温度为 305.2℃，最大热降解速率也降到最低为 0.54%/min，在 600℃时的残炭量提升到最

大为 46.13％。同前面四种 PUF 材料相比，PUF/5％木质素/30％（IFR＋AHP）材料在热降解测试过程中各个方面均表现出最佳性能，这主要是材料在热降解过程中，IFR 受热分解生成致密炭层包覆在材料表面；AHP 降解产生 PH_3，而产生的 PH_3 能捕捉材料分解产生的自由基，从而抑制降解反应，分解过程中还会产生偏磷酸，偏磷酸是一种强效脱水剂，其会导致残炭量增加；同时 AHP 还能促进 IFR 分解成炭，且使其炭层更加致密更加牢固不易被破坏，更好地阻隔热量与可燃气体传递，阻止内部材料进一步燃烧。充分发挥了 IFR 与 AHP 的协同复配作用，进一步提升材料的阻燃性能，得到了阻燃性能更加优异的 PUF 材料。

3.3.2.3　PUF/木质素/IFR/AHP 材料的燃烧行为

图 3-9 为 PUF/5％木质素/30％IFR、PUF/5％木质素/30％AHP 和 PUF/5％木质素/30％（IFR＋AHP）的 HRR 和 THR 曲线，相关的锥形量热分析数据见表 3-18。

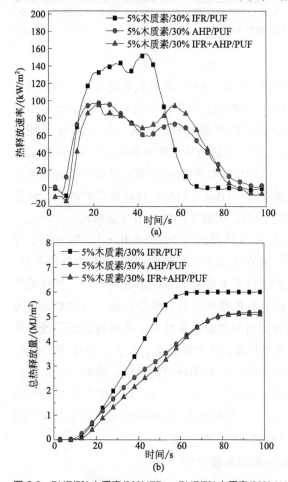

图 3-9　PUF/5％木质素/30％IFR、　PUF/5％木质素/30％AHP、
PUF/5％木质素/30％（IFR＋AHP）的 HRR（a）和 THR（b）曲线

属性	样品		
	PUF/5％木质素 /30％IFR	PUF/5％木质素 /30％AHP	PUF/5％木质素/ 30％(IFR+AHP)
$HRR_{峰1}/(kW/m^2)$	144.6	98.7	96.9
$t_{HRR峰1}/s$	33	23	22
$HRR_{峰2}/(kW/m^2)$	155.5	75.2	95.9
$t_{HRR峰2}/s$	45	62	59
$THR/(MJ/m^2)$	6.0	5.23	5.10
残炭量/％	21.3	18.6	21.9

注：1. $HRR_{峰1}$ 为峰 1 的热释放速率；$t_{HRR峰1}$ 为峰 1 热释放速率的时间；$HRR_{峰2}$ 为峰 2 的热释放速率；$t_{HRR峰2}$ 为峰 2 热释放速率的时间；THR 为总热释放量。

2. 含量（％）表示质量分数。

结合图 3-9 与表 3-18 可以得出，在图 3-9（a）中 PUF 材料燃烧过程中均出现了两个峰，在加入 IFR 与 AHP 复配混合后的阻燃剂之后，PUF 材料表现出最低峰值燃烧热释放速率，仅有 96.9kW/m²，远小于纯 PUF 燃烧时达到的 157.9kW/m²，同时也低于单独加入 AHP 后的 98.7kW/m²。第二个峰值热释放速率也只有 95.9kW/m²，同样远低于纯 PUF、PUF/5％木质素、PUF/5％木质素/30％IFR 材料燃烧时的第二个峰值热释放速率，且 PUF/5％木质素/30％（IFR＋AHP）材料燃烧时的两个峰分别出现在 22s 与 59s，对应时间同样稍有延后。在图 3-9（b）中可以得出，PUF/5％木质素/30％（IFR＋AHP）材料燃烧后的总热释放量为 5.10MJ/m²，明显低于纯 PUF 燃烧时的总热释放量 7.02MJ/m²，且在上述添加了阻燃剂的 PUF 中效果最好，释放量最低。在表 3-18 中也能得出，PUF/5％木质素/30％（IFR＋AHP）材料燃烧后的残炭量也大幅提高到 21.9％，为所有材料燃烧后残炭量最佳值。这主要是因为 IFR 与 AHP 复配混合加入后，IFR 能够提升材料的成炭性能，在材料表面形成致密的膨胀炭层，隔绝氧气与热量向材料内部传递，从而降低反应速率；AHP 受热时生成 PH_3 气体，捕捉材料燃烧时产生的自由基，从而抑制燃烧反应，降低燃烧反应强度，在气相中发挥阻燃作用；同时，AHP 还能促进 IFR 成炭，提高膨胀炭层的牢固程度，产生协效阻燃作用。故复配后的协效阻燃剂能从气固两相对碱木质素基聚氨酯泡沫材料起到阻燃作用，更加有效地改善材料的阻燃性能。

3.3.2.4　PUF/木质素/IFR/AHP 材料的残炭形貌分析

图 3-10 为 PUF/5％木质素/30％IFR、PUF/5％木质素/30％AHP 和 PUF/5％木质素/30％（IFR＋AHP）材料充分燃烧后残炭的数码图片与扫描电子显微镜图片。

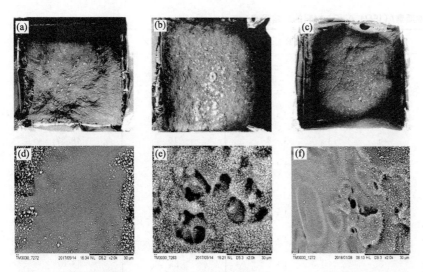

图 3-10　残炭的数码图片：PUF/5％木质素/30％IFR(a)、PUF/5％木质素/30％AHP(b)、PUF/5％
木质素/30％（IFR+AHP）(c)

残炭的扫描电子显微镜（SEM）图片：PUF/5％木质素/30％IFR(d)、PUF/5％木质素/30％AHP(e)、
PUF/5％木质素/30％（IFR+AHP）(f)

注：含量(％)表示质量分数

从残炭的数码照片可以看出，加入阻燃剂后的 3 种 PUF 材料（a）、（b）、（c）表面均产生较厚的炭层，但从图 3-10（c）可以看出，PUF/5％木质素/30％（IFR+AHP）材料燃烧后的残炭量更多，形成的炭层更加厚实；从残炭的 SEM 照片可以看出，从微观角度进一步证明 PUF/5％木质素/30％（IFR+AHP）材料燃烧后形成的炭层更致密光滑，并且能够有效地阻止氧气与热量的传递，可对内部材料进行更好的保护，从而提升材料的阻燃性能。图 3-10（d）、（e）、（f）也证明 AHP 促进 IFR 的成炭，使膨胀炭层更加牢固，从而使材料阻燃性能进一步增强。

3.3.2.5　PUF/木质素/IFR/AHP 材料的压缩性能分析

PUF/木质素/IFR/AHP 材料的压缩强度测试结果如表 3-19 所示。从表 3-19中数据可以得出，IFR 与 AHP 复配混合得到的协效阻燃剂加入后，当添加量为20％时，PUF/木质素/IFR/AHP 材料的压缩强度达到 55.40kPa，略高于单独加入相同份数 IFR 时的 54.76kPa，低于单独加入 AHP 时的 58.25kPa，但整体上仍加强了材料的强度，提升压缩性能。这是由于阻燃剂填充到聚氨酯基体中，对基体起到增强作用。同时，当其均匀地分散在泡沫材料中时，能增大发泡比，使得材料压缩强度增大。但加入过量时仍然会导致材料内部的泡孔结构遭到破坏，发泡困难，使 PU 材料的压缩强度迅速下降。

⊡ 表 3-19　PUF/木质素/（IFR+ AHP）材料的压缩强度

样品	碱木质素/%	IFR：AHP	IFR＋AHP/%	压缩强度/kPa
1	0	—	0	40.49
2	5	—	0	43.80
3	5	1：2	5	45.69
4	5	1：2	10	48.37
5	5	1：2	15	52.15
6	5	1：2	20	55.40
7	5	1：2	21	54.48
8	5	1：2	22	54.05
9	5	1：2	23	53.07
10	5	1：2	24	51.33
11	5	1：2	25	49.59
12	5	1：2	26	47.86
13	5	1：2	27	47.41
14	5	1：2	28	45.72
15	5	1：2	29	45.61
16	5	1：2	30	44.99

注：含量(%)为质量分数。

3.3.3　小结

　　IFR 与 AHP 复配混合组成的协效阻燃剂能更好地改善碱木质素基聚氨酯泡沫材料的阻燃性能，当木质素添加量为聚醚多元醇的 5%，IFR 与 AHP 的质量比为 1：2，阻燃剂添加总量为 30% 时，PUF 材料的阻燃性能达到最好，LOI 值达到了 26.0%。当阻燃剂添加量为 20% 时，PUF/木质素/（IFR＋AHP）材料的压缩强度由纯 PUF 材料的 40.49kPa 提高到 55.40kPa，暂时提升材料的阻燃性能，但是添加过量时也会造成压缩性能下降。PUF/木质素/（IFR＋AHP）材料在热降解测试过程中各个方面均表现出最佳性能，当协效阻燃剂添加量为 30% 时，PUF/木质素材料在降解过程中只出现一个热降解峰，对应温度为 305.2℃，最大热降解速率也降到最低为 0.54%/min，在 600℃时残炭量提升到最大为 46.13%。与 PUF/木质素/IFR 和 PUF/木质素/AHP 材料相比，PUF/木质素/（IFR＋AHP）材料燃烧时热释放速率与总热释放量均有所降低，残炭量有所增加。且其具有更好的成炭性能，形成的炭层更加连续致密，更加牢固[187]。

3.4 结论

用碱木质素初步代替聚醚多元醇与异氰酸酯反应，制备碱木质素聚氨酯泡沫材料，再通过聚磷酸铵（APP）和季戊四醇（PER）复配组成的膨胀阻燃剂（IFR），与磷系阻燃剂次磷酸铝（AHP）分别单独与两者协效复配后作为阻燃剂应用到PUF/木质素中，对其进行阻燃改性。分别将 IFR、AHP 与 IFR/AHP 加入木质素中制备阻燃材料，探讨了三种阻燃体系对碱木质素基聚氨酯泡沫材料的阻燃性能、热降解行为、燃烧行为、力学性能等方面的影响。研究结果如下：

① 碱木质素的加入能够初步提高 PUF 材料的阻燃性能。在碱木质素的添加量为 5% 时，PUF 材料的阻燃性能最好，其极限氧指数为 19.6% 且能够初步改善材料的压缩性能；降低材料的热降解速率，增大起始热降解温度，提高材料在 600℃时的残炭量，但会略微增大材料燃烧时的热释放速率与热释放量。

② 膨胀阻燃剂 IFR 对碱木质素聚氨酯泡沫材料具有很好的阻燃效率。当碱木质素的替代量为 5%，APP 和 PER 的质量比为 3∶1、阻燃剂的添加量为 30% 时，PUF 材料极限氧指数达到了 24.8%，得到较大提升。与纯 PUF 和 PUF/木质素相比较，IFR 的加入使材料的起始热分解温度降低，极大降低材料的最大热降解速率，同时降低材料的热释放速率和总热释放，并且促进材料的成炭，在材料表面形成连续膨胀的致密炭层。该炭层很好地保护内部材料，阻止材料的进一步降解和燃烧，从而提高材料的阻燃性能。

③ 阻燃剂次磷酸铝（AHP）能有效地改善碱木质素聚氨酯泡沫材料的阻燃性能。通过 LOI 测试表明，随着 AHP 添加量的增加，PUF 材料的极限氧指数不断上升，当木质素添加量为聚醚多元醇的 5%，AHP 的添加量为 30% 时，PUF 材料的 LOI 值达到了 25.6%。AHP 加入后能初步改善 PUF 材料力学性能，当添加量为 20% 时，压缩强度升至 58.25kPa，但过量时仍然会导致材料力学性能急剧下降。通过热重与锥形量热测试得出 AHP 的加入能够有效降低材料的热降解速率，峰值热降解速率由纯 PUF 与 PUF/木质素的 0.82%/min、0.77%/min 降低到 0.67%/min，且热释放速率与总热释放量明显下降，也能促进材料成炭，提高材料的阻燃性能。

④ IFR 与 AHP 复配混合组成的协效阻燃剂能更好地改善碱木质素聚氨酯泡沫材料的阻燃性能。当木质素添加量为聚醚多元醇 5%，IFR 与 AHP 的质量比为 1∶2，阻燃剂添加总量为 30% 时，PUF 材料的阻燃性能达到最好，LOI 值达到 26.0%。当阻燃剂添加量为 20% 时，PUF/木质素/（IFR＋AHP）材料的压

缩强度由纯 PUF 材料的 40.49kPa 提高到 55.40kPa，暂时提升材料的阻燃性能，但是当添加过量时也会造成压缩性能下降。当协效阻燃剂添加量达到 30％时，PUF/木质素材料在热降解测试过程中各个方面均表现出最佳性能，降解过程中只出现一个热降解峰，最大热降解速率也降到最低为 0.54％/min，在 600℃时的残炭量提升到最大为 46.13％。与 PUF/木质素/IFR 和 PUF/木质素/AHP 材料相比，PUF/木质素/（IFR＋AHP）材料燃烧时的热释放速率与总热释放量也均有所降低，残炭量有所增加且其具有更好的成炭性能，形成的炭层更加连续致密，更加牢固。

第 **4** 章

纤维素在凝胶材料中的应用

4.1 纤维素球形气凝胶的制备

纤维素气凝胶因为具有高孔隙率、大比表面积、轻质等优点，得到很多学者的认可。微晶纤维素球形气凝胶是由水凝胶通过冷冻干燥所得，制备过程包括溶解、液滴成球和冷冻干燥 3 部分。其中微晶纤维素溶解是最关键的部分，溶解情况对于后续成球和凝胶部分影响非常大。纤维素凝胶除了在传感器、建材、生物医学、光催化等方面应用广泛外，还被更广泛地应用于吸附方面。本节利用微晶纤维素作为原材料，采用 NaOH/尿素/H_2O 混合溶液对其进行处理，然后控制针头直径用滴球装置进行滴球，凝胶以后获得微晶纤维素球形水凝胶，再经过溶剂置换和冷冻干燥等步骤制备获得纤维素球形气凝胶，并对其性能作进一步表征和探究。

4.1.1 实验

4.1.1.1 材料与仪器

本实验所用实验原料与试剂列于表 4-1。

⊡ **表 4-1 本实验所用实验原料与试剂**

名称	纯度	厂家
微晶纤维素	＞99％	上海恒信化学试剂有限公司
氢氧化钠	分析纯	天津市天力化学试剂有限公司
尿素	分析纯	天津市巴斯夫化工有限公司
离子液体	分析纯	北京世纪康鑫商贸有限公司

名称	纯度	厂家
橄榄油	99%	天津市凯通化学试剂有限公司
冰乙酸	分析纯	天津市博迪化工有限公司
四氯化碳	分析纯	天津市天力化学试剂有限公司
无水乙醇	分析纯	天津市光复精细化工研究所
叔丁醇	分析纯	北京世纪康鑫商贸有限公司

本实验所用实验仪器列于表 4-2。

⊡ 表 4-2　本实验所用实验仪器

名称	型号	厂家
超声波清洗机	SB-120DT	宁波新芝生物科技股份有限公司
冷冻干燥机	FD-1A-50	北京博医康实验仪器有限公司
傅里叶变换红外光谱仪	Magna-IR560	美国 Nicolet 仪器有限公司
环境扫描电子显微镜	Quanta200	美国 FEI 公司
X 射线衍射仪	D/MAX-RB	日本理学 Rigaku 仪器有限公司
比表面积及孔径分析仪	JW-BK132F	北京精微高博科学技术有限公司
冰箱	BCD-249CF	合肥美菱股份有限公司
数显恒温水浴锅	HH-8	常州丹瑞实验仪器设备有限公司
电子恒速搅拌器	S212	上海申生科技有限公司
电子天平	BSA	赛多利斯科学仪器有限公司

4.1.1.2　制备方法

分别称取 1.5g、2.5g、3.5g、4.5g 微晶纤维素加入 100mL NaOH/尿素/水（质量比为 7∶12∶81）混合体系中，置于 $-18℃$ 冰箱中冷冻 24h，并将解冻后的混合物放在超声波清洗机中超声处理 30min，最终制备成透明、均一的溶液备用。

（1）三氯甲烷/乙酸乙酯/冰乙酸凝胶浴　分别量取 100mL 三氯甲烷、100mL 乙酸乙酯、20mL 冰乙酸，将其混合均匀后形成凝胶浴，待用，记为 A 凝胶浴。

（2）四氯化碳/橄榄油/冰乙酸凝胶浴　按体积比为 1∶5∶3 分别量取冰乙酸、橄榄油和四氯化碳于烧杯中，将其混合均匀后形成凝胶浴，待用，记为 B 凝胶浴。

安装好滴球装置的针头，调节蠕动泵的流速，采用液滴-悬浮法将已制备好的纤维素溶液逐滴滴入凝胶浴中，纤维素球在流动的凝胶浴中固化，直至随凝胶浴溶液流至网筛处，形成大小相同的球形水凝胶，如图 4-1 所示；然后将其在流动水中水洗至中性，部分备用。将中性纤维素球形水凝胶放置在 45℃ 水浴锅中，依次用无水乙醇、叔丁醇分别置换出水凝胶内部所含的水和乙醇，再放入 18℃冰箱中冷冻 24h，采用冷冻干燥的方法干燥处理，制备得到球形气凝胶材料备用。按溶解微晶纤维素浓度的不同，分别记为 C-1、C-2、C-3、C-4。

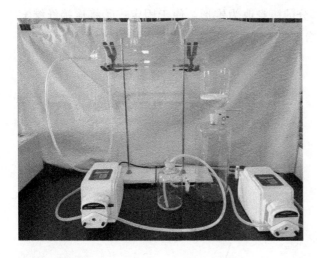

图 4-1　滴球装置

4.1.1.3　样品表征

（1）扫描电子显微镜测试　用液氮对微晶纤维素球形气凝胶样品进行脆断，用镊子小心取样，粘接在样品台上，再用洗耳球轻轻吹一下，确保样品粘接牢固；然后采用由美国 FEI 公司生产的 Quanta200 型环境扫描电子显微镜对样品进行测试。

（2）红外光谱测试　用 KBr 压片，然后采用美国 Nicolet 仪器有限公司生产的 Magna-IR560 型傅里叶变换红外光谱（FT-IR）仪对样品的红外光谱进行测定，分辨率为 $1cm^{-1}$，扫描范围为 $4000\sim500cm^{-1}$。

（3）X 射线衍射（XRD）测试　用管电压 40kV、管电流 30mA 的日本理学 Rigaku 仪器有限公司生产的 D/MAX-RB 型 X 射线衍射仪对样品进行测试。

（4）N_2 吸附/脱附等温线测试　表征材料孔结构最常用的一个方法是 N_2 吸附/脱附等温线测试。采用北京精微高博科学技术有限公司的 JW-BK132F 型比表面积及孔径分析仪并利用标准 Brunauer-Emmett-Teller（BET）模型对真空干燥的样品进行分析。

4.1.2　结果与分析

原滴液部分［图 4-2(a)、(b)］的缺点和不足如下：①可拆卸的不同尺寸滴头过短，纤维素溶液滴落过程中没有缓冲时间；②滴球口为 6 个，过于密集，纤维素溶液滴入凝固浴中还未来得及固化就与附近滴落的纤维素溶液堆积，液滴在凝固浴中较难形成规则的球形；③滴液部分的圆柱形瓶身不利于固定；④重力法滴球球形大小不一。

对于优化后的滴液部分［图 4-2(c)］还对以下几点进行改进：①可拆卸的不同尺寸滴头改为一次性胶头滴管，并保持一定长度，延长溶液滴落时间；②滴球口改为 3 个，且呈 60°分布；③滴球部分的瓶身改为锥形，便于固定；④将连接纤维素溶液的进口设在瓶身右侧，上侧增加胶头气囊，利用压力将纤维素溶液挤下。

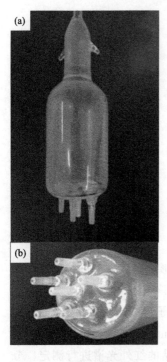
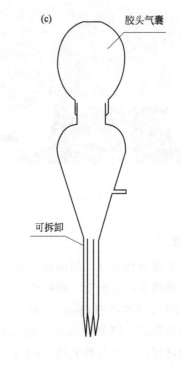

图 4-2 滴液部分改进原理

原水凝胶固化部分［图 4-3(a)、（b）］缺点和不足如下：①滴头插入部分开口太大，溶液容易挥发；②固化管截面不利于凝胶浴和球形水凝胶的流动；③溶液挥发程度太大；④滤网目数过多，导致溶液下流缓慢；⑤装有凝胶浴的瓶身过长，使得整个装置过高，不便于操作。

对于优化后的固化部分［图 4-3(b)］，还对以下几点进行改进：①a 处改为三个呈 60°分布的圆孔，防止溶液的挥发；②b 处改为实心 s 形，以便溶液和球形水凝胶顺利滴落；③c 处加钢化玻璃罩，防止有毒溶液和刺激性气味的溶液挥发对人体造成伤害；④d 处降低滤网目数，防止溶液下流缓慢溢出瓶口；⑤e 处将凝胶浴瓶身缩短，降低整个装置的高度。

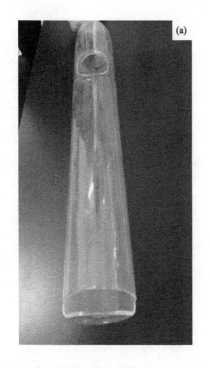
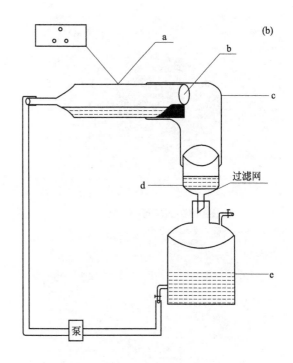

图 4-3　固化部分改进原理

　　液滴-悬浮法是利用悬浮液密度略微大于液滴溶液密度的原理，使液滴悬浮在凝胶浴表面，从而达到固化的目的。A、B 凝胶浴分别通过控制三氯甲烷和四氯化碳的量来调节凝胶浴密度，使得液滴悬浮在凝胶浴表面。实验表明，当凝胶浴保持三氯甲烷/乙酸乙酯/冰乙酸为 5∶5∶1（体积比）、四氯化碳/橄榄油/冰乙酸为 3∶5∶1（体积比）时，微晶纤维素溶液可在凝胶浴表面成球，且固化效果良好。随着微晶纤维素溶液的不断滴下和固化，冰乙酸被逐渐消耗掉，实验过程中需向凝胶浴中补加冰乙酸达到更好的固化效果。图 4-4 所示分别为三氯甲烷/乙酸乙酯/冰乙酸凝胶浴、四氯化碳/橄榄油/冰乙酸凝胶浴固化成球的示意图。由图 4-4 可知，三氯甲烷/乙酸乙酯/冰乙酸凝胶浴为无色、透明溶液，四氯化碳/橄榄油/冰乙酸凝胶浴为淡黄色溶液，但二者液滴成球效果均较好，且微晶纤维素球形水凝胶悬浮在凝固浴表面，达到极好的固化效果。由于三氯甲烷/乙酸乙酯/冰乙酸凝胶浴使用的三氯甲烷具有特殊刺激性气味、低毒、有致癌可能，故后续试验中采用四氯化碳/橄榄油/冰乙酸凝胶浴制备微晶纤维素球形水凝胶。

　　图 4-5 是不同浓度微晶纤维素球形气凝胶的宏观形貌，从图 4-5 中可以看出，C-1 表面粗糙度明显；C-2 和 C-3 表面光滑，且形状均一；C-4 表面平滑度较好，但由于较高浓度的微晶纤维素溶液黏稠，获得的气凝胶球带有小尾巴。图 4-6 为球

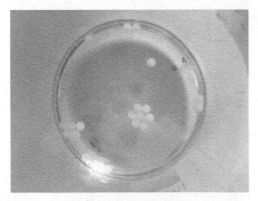

(a)三氯甲烷/乙酸乙酯/冰乙酸

(b)四氯化碳/橄榄油/冰乙酸

图 4-4 凝胶浴固化成球

形水/气凝胶材料宏观形貌。由图 4-6 可知，微晶纤维素球形水、气凝胶均为形状规则、大小均一的球形，水凝胶表面光滑且透明，气凝胶质量较轻，由于摩擦力的作用，可以吸附在塑料瓶瓶壁上。

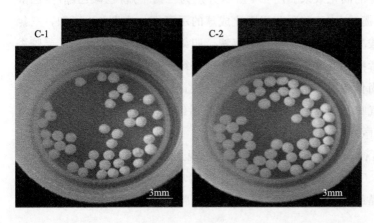

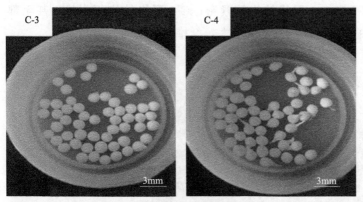

图 4-5 不同浓度微晶纤维素球形气凝胶的宏观形貌

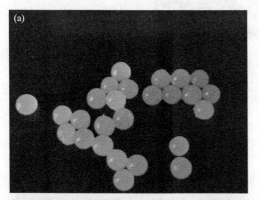

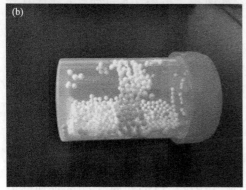

图 4-6 球形水/气凝胶材料的宏观形貌

图 4-7 为不同浓度微晶纤维素球形气凝胶的 SEM 图。从图 4-7 中可以看出，不同浓度的微晶纤维素球形气凝胶内部均呈现疏松多孔的网络结构，这是由于纤维素本身有很多羟基，很容易形成氢键连接的网络结构。C-1 微晶纤维素浓度较

小，网状结构较大；C-2 和 C-3 网络结构较紧密；C-4 网络结构不明显，甚至部分团聚在一起，这是由于微晶纤维素浓度较大，纤维素溶解不彻底所致。

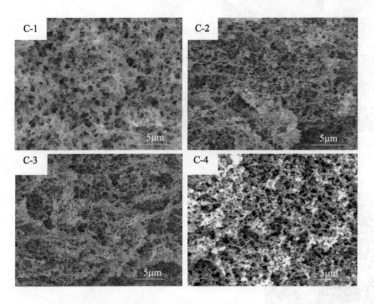

图 4-7　不同浓度微晶纤维素球形气凝胶的 SEM 图

图 4-8 所示为不同浓度微晶纤维素球形气凝胶的 FTIR 图，其中 C-1 至 C-4 分别为不同浓度微晶纤维素球形气凝胶的红外图谱。由图 4-8 可知，4 种样品在 $3342cm^{-1}$、$2890cm^{-1}$、$1647cm^{-1}$、$1367cm^{-1}$、$1157cm^{-1}$、$1025cm^{-1}$、$894cm^{-1}$ 附近都有吸收峰，且与纤维素 II 型的吸收峰相符。其中，$3342cm^{-1}$ 处是 —OH 的伸缩振动峰，由于纤维素较高的羟基含量，以及叠加在一起的状态，故吸收峰较宽[265,266]；$2890cm^{-1}$ 和 $1367cm^{-1}$ 处为 C—H 的对称伸缩振动吸收峰；$1157cm^{-1}$ 处是纤维素中 C—C 骨架的伸缩振动吸收峰；$894cm^{-1}$ 附近处较小的吸收峰为纤维素异头碳（C1）的振动频率[111,266]。

图 4-9 为不同浓度微晶纤维素球形气凝胶的 XRD 图。在图 4-9 中，微晶纤维素在 $2\theta=14.96°$、$16.47°$ 和 $22.70°$ 处分别对应（101）、（10$\bar{1}$）和（002）晶面的衍射峰，由此判断该材料具有纤维素 I 型特征峰[265,266]；纤维素球形气凝胶样品在 $2\theta=12.13°$、$19.98°$ 和 $21.81°$ 处分别存在特征吸收峰，（10$\bar{1}$）、（101）和（002）分别是相对应的晶面[132,267]，故纤维素球形气凝胶样品的吸收峰表现为纤维素 II 型的特征，进一步说明气凝胶在制备过程中只发生晶型结构转变，并未发生任何化学结构的变化。

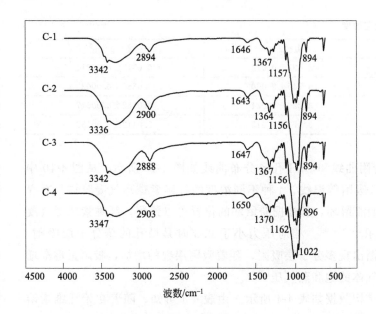

图 4-8　不同浓度微晶纤维素球形气凝胶的 FTIR 图

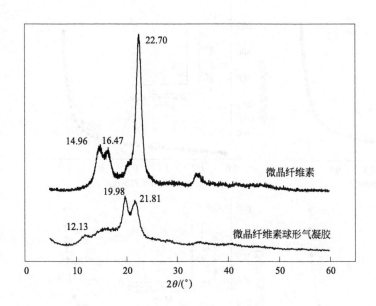

图 4-9　不同浓度微晶纤维素球形气凝胶的 XRD 图

　　浓度不同的微晶纤维素球形气凝胶的密度和直径如表 4-3 所示。从表 4-3 中可明确得出，微晶纤维素球形气凝胶具有较小的密度，浓度有差异的微晶纤维素球形气凝胶的密度有略微变化。C-1 到 C-4 的密度分布在 0.0312～0.0412g/cm^3。

⊡ 表 4-3　不同浓度的样品直径与密度

样品编号	直径/mm	密度/(g/cm³)
C-1	3.182±0.012	0.0312±0.00210
C-2	3.246±0.050	0.0350±0.00033
C-3	3.220±0.024	0.0382±0.00017
C-4	3.173±0.013	0.0412±0.00152

样品的氮气吸附/脱附曲线和 BJH 孔径分布曲线如图 4-10 所示。从图 4-10 中可以看出，根据 IUPAC 吸附等温线，4 种不同浓度的纤维素球形气凝胶均具有Ⅳ型吸附特征，具有 H1 型滞留环，且根据滞留环的位置可以预测，纤维素球形气凝胶具有丰富的中孔和大孔[265,268]。相对压力小于 0.3 时是微孔的单分子层吸附，当相对压力增大时，逐渐出现多分子层吸附，随着吸附层数的增加，吸附量逐渐增加，直到吸附压力达到气体的饱和蒸气压[266]。

不同浓度样品的孔结构数据如表 4-4 所示。由表 4-4 可知，随着初始纤维素溶液浓度的增加，比表面积略微减少，但均在 200m²/g 左右，孔径多数小于 20nm。

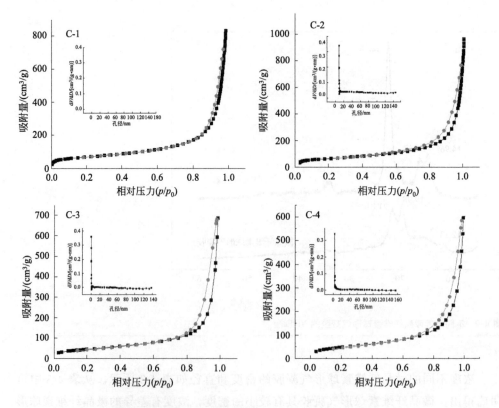

图 4-10　样品的氮气吸附/脱附曲线和 BJH 孔径分布曲线

样品	比表面积/（m²/g）	孔容/（cm³/g）	孔径/nm
C-1	231.4	1.200	19.590
C-2	212.3	1.273	19.455
C-3	201.0	1.468	20.522
C-4	191.6	0.832	18.491

4.1.3　小结

① 针对实验过程中发现的问题对滴球装置进行优化，优化后的滴球装置利用压力原理将纤维素溶液滴入凝胶浴中，3 个呈 60°分布的滴头避免溶液滴落时重叠，确保球形水凝胶形状均一。水凝胶固化部分的改进为增加钢化玻璃罩，避免溶液的挥发；过滤网可适当减少目数，保证球形水凝胶固化时间的同时加速溶液下流速度，确保凝固液的循环利用。滴球装置的优化便于实验操作和安全性，同时更方便把控球形水凝胶的大小、形状、凝固时间等，实验过程中可进行大批量生产。

② 以微晶纤维素为原料，利用 NaOH/尿素/水（质量比为 7∶12∶81）溶剂体系对原料进行溶解，再利用液滴-悬浮法制备出微晶纤维素球形水凝胶。分析结果表明，四氯化碳/橄榄油/冰乙酸体积比为 3∶5∶1 时，微晶纤维素溶液可在凝胶浴表面成球，固化效果良好，且该凝胶浴无毒、无刺激性气味，是良好的凝胶浴。

③ 经冷冻干燥处理，对获得的微晶纤维素球形气凝胶的形貌、FTIR、XRD、BET 分析可以看出，C-2 表面光滑，网络结构较好；微晶纤维素球形气凝胶与纤维素Ⅱ型具有相似的特征峰，故微晶纤维素球形气凝胶并没有产生化学结构的变化，只是出现了晶型结构的转变。BET 分析结果表明，随着纤维素浓度增加，比表面积略微减少，但都在 200m²/g 左右，均表现出丰富的中孔和大孔结构。其中 C-2 的比表面积为 212.3m²/g，孔体积为 1.273cm³/g。微晶纤维素球形水凝胶具有光滑、通透的表面，且形状均一。

4.2　羧基化改性纤维素球形气凝胶的制备

随着科技进步、环境污染、生活需求等问题的出现，人们对纤维素功能材料的需求也不断增大。近些年来，纤维素作为环境友好型材料，一直备受研究学者关注。纤维素化学改性[141,151]是指纤维素上的羟基与改性试剂之间发生化学反应，在保留其原有优异特性的情况下，将新官能团引入到分子链上，最终得到的纤维素衍生物在物理化学性质上具有明显差异。TEMPO 选择性氧化可以将纤维素上的羟基氧化成羧基，使其吸附性能更佳，从而为纤维素及纤维素衍生物更好、更广泛的应用提供了前提，同时也解决了其应用的局限性[149,269]。重金属以及染料污染是当今社会急需解决的难题，探究绿色、环保、低成本的吸附材料具有重要意义。选择性氧化改性（羧基化改性）纤维素水凝胶在吸附方面具有良好的改善，可以吸附重金属离子以及染料，为纤维素球形凝胶在吸附方面的应用做出重大贡献。本实验在微晶纤维素球形水凝胶制备的前提下，采用 TEMPO 氧化体系对球形水凝胶进行改性处理，并对羧基化改性纤维素水凝胶球的宏观形貌、水含量、亚甲基蓝吸附性能以及羧基化改性纤维素球形气凝胶的微观形貌、宏观形貌、密度、红外、比表面积等进行测试分析，为新型气凝胶材料在功能改性和吸附方面的广泛应用提供了基础数据。

4.2.1 实验

4.2.1.1 材料与仪器

2,2,6,6-四甲基哌啶氧化物（TEMPO），国药集团化学试剂有限公司，纯度97%；次氯酸钠，天津市天力化学试剂有限公司；亚氯酸钠，上海展云化工有限公司；混合磷酸盐，天津傲然精细化工研究所；均为分析纯。其他实验原料与试剂参见 4.1.1.1。实验仪器参见 4.1.1.1。

4.2.1.2 制备方法

采用 4.1.1.2 的方法制备出微晶纤维素球形水凝胶。

（1）TEMPO/NaClO/NaBr 氧化体系　将 0.35g TEMPO 和 3.75g NaBr 溶入125mL 去离子水中，加入 50g 编号为 C-2 的微晶纤维素球形水凝胶，然后加入10mL NaClO 溶液，再用 0.5mol/L NaOH 调节反应体系 pH 值至 10.5。当反应结束时，加入无水乙醇对反应进行终止，并收集固相物；再用流动水水洗一定时间后获得羧基化改性纤维素球形水凝胶待用；再采用常用的置换、干燥方法，成功获得羧基化改性纤维素球形气凝胶。按照氧化时间的不同，分别记作 AC-12、AC-24。

（2）TEMPO/NaClO₂/NaClO 氧化体系　取 70g 编号为 C-2 的球形水凝胶加入 200mL pH 约为 6.8 的混合磷酸盐缓冲液中，再依次加入 0.058g TEM-PO、1.84g NaClO₂、1mL NaClO 溶液，置于 50℃数显恒温水浴锅中进行过程反应；待反应结束时，将无水乙醇倒入反应容器中终止实验；然后冷却、流动水水洗，成功获得羧基化改性纤维素球形水凝胶。再采用常规处理方法，制备得到羧基化改性微晶纤维素球形气凝胶。按照氧化时间的不同，分别记为 BC-20、BC-40。

4.2.1.3 样品表征

采用美国 FEI 公司生产的 Quanta200 型环境扫描电子显微镜对样品的微观形貌进行测试；采用美国 NICOLET 仪器有限公司生产的 MAGNA-IR560 型傅里叶变换红外光谱仪对选择性氧化的样品进行测试；采用北京精微高博科学技术有限公司的 JW-BK132F 型比表面积及孔径分析仪对真空干燥的样品进行分析；采用电位滴定法，由电导率变化曲线计算羧基含量。

用称量瓶称取羧基化改性纤维素水凝胶球的质量，记为 M_h，将其放在 105℃干燥箱中干燥 3h，将样品在干燥器中进行冷却直到室温为止，称重，记为 M_d；固体含量（M_c）和含水量（W_c），均为质量分数，根据下面的公式进行计算：

$$W_c(\%) = 100 - M_d/M_h \times 100 \tag{4-1}$$

$$M_c(\%) = 1 - W_c(\%) \tag{4-2}$$

利用电子天平称取球形气凝胶样品质量，标记为 m，利用游标卡尺对所测样品的直径 d 做出测量，每个样品测量 3 次取平均值并计算标准偏差，体积为 V。气凝胶球密度（ρ）可由公式（4-3）计算：

$$\rho = \frac{m}{V} \tag{4-3}$$

4.2.2 结果与分析

图 4-11 为羧基化改性微晶纤维素球形气凝胶的宏观形貌。从图 4-11 中可以看出，羧基化改性微晶纤维素球形气凝胶为白色球形，表面平滑度减弱。AC-12 样品表面略微粗糙，部分样品发生变形和膨胀；而 AC-24 样品表面粗糙度明显，部分发生膨胀和开裂，形状大小不一。

图 4-12 为不同时间羧基化改性微晶纤维素球形气凝胶的微观形貌，其中图（a）、（b）是氧化 12h 纤维素球形气凝胶的表面形貌及断面形貌，图（c）、（d）是氧化 24h 样品的表面形貌及断面形貌。从样品（a）、（c）的表面结构可以看出，样品表面有不均匀的孔隙分布，随着氧化时间的增加，样品表面的致密外壳逐

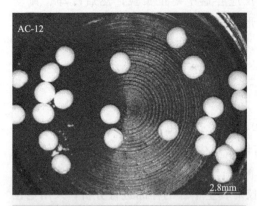

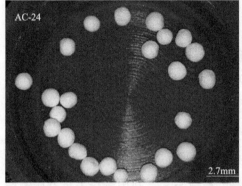

图 4-11　羧基化改性微晶纤维素球形气凝胶的宏观形貌

渐溶解，氧化 24h 后表面露出丝网状结构。这一现象表明处理时间的增长可在一定程度上使得纤维素气凝胶的表面通透性得到良好改观。从样品的内部截面图（b）、（d）可以看出，样品内部仍呈现蓬松的网络结构，且内部网络结构逐渐纤丝化[270]。

　　图 4-13 所示为不同时间羧基化改性微晶纤维素球形气凝胶的红外谱图。由图 4-13 可得到，处理时间的增长使得红外图谱也发生了变化。其中，AC-24 在 3340cm^{-1} 处的 O—H 伸缩振动吸收峰相对 AC-12 有所减弱，说明随着氧化时间增加，O—H 含量逐渐减少；在 1600cm^{-1} 处出现了 C＝O 的伸缩振动吸收峰[268]，且 AC-24 比 AC-12 具有较大的峰强度。这表明 TEMPO 的选择性氧化已经将纤维素分子 C6 位上的羟基氧化成羧基，且氧化处理时间的增加，可有效增加羧基含量。进一步表明 TEMPO 的氧化处理对样品起到了良好的羧基化改性作用。结合形貌分析可得出，改性 12h 的样品既有较好的表面通透性及内部网络结构，也具有较明显的羧基含量。

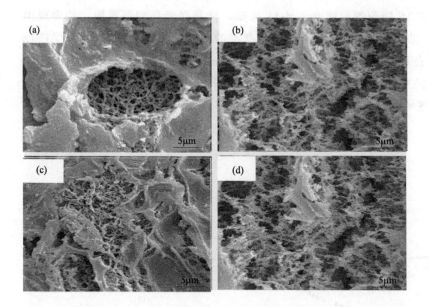

图 4-12 不同时间羧基化改性微晶纤维素球形气凝胶的微观形貌

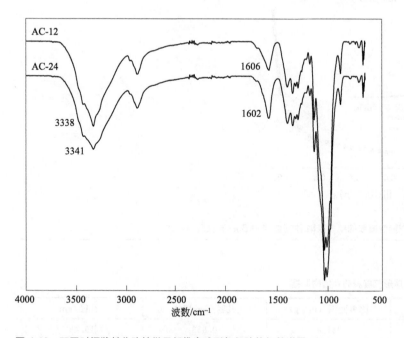

图 4-13 不同时间羧基化改性微晶纤维素球形气凝胶的红外谱图

图 4-14 所示为羧基化改性球形气凝胶的氮气吸附/脱附曲线和 BJH 孔径分布
曲线。结合 IUPAC 吸附等温线和图 4-14 可知,样品属于 IV 型等温线,并表现出
H1 型滞留环。结合表 4-5 羧基化改性球形气凝胶的孔结构数据可以看出,AC-12
和 AC-24 的比表面积分别为 $241.4\mathrm{m}^2/\mathrm{g}$ 和 $278.2\mathrm{m}^2/\mathrm{g}$,相对比 C-2 有很大的提升,
孔容分别为 $0.953\mathrm{cm}^3/\mathrm{g}$ 和 $1.131\mathrm{cm}^3/\mathrm{g}$,孔径分别为 19.455nm 和 17.734nm,这
可能是氧化处理气凝胶内部结构丝化所致。

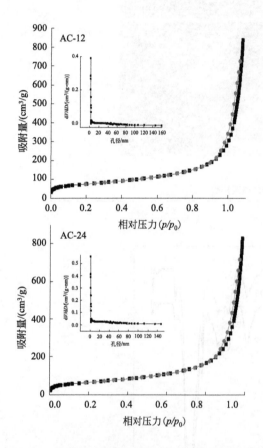

图 4-14 羧基化改性球形气凝胶的氮气吸附/脱附曲线和 BJH 孔径分布曲线

⊡ 表 4-5 羧基化改性球形气凝胶的孔结构数据

样品	比表面积/$(\mathrm{m}^2/\mathrm{g})$	孔容/$(\mathrm{cm}^3/\mathrm{g})$	孔径/nm
AC-12	241.4	0.953	19.455
AC-24	278.2	1.131	17.734

表 4-6 为羧基化改性球形气凝胶的羧基含量。由表 4-6 可知，羧基含量随着氧化时间的增加显著增长。AC-12、AC-24 的羧基含量分别为 1.14mmol/g 和 1.79mmol/g。

▣ **表 4-6　羧基化改性球形气凝胶的羧基含量**

样品	氧化时间/h	羧基含量/(mmol/g)
AC-12	12	1.14
AC-24	24	1.79

表 4-7 为羧基化改性球形气凝胶的质量分数和水含量。从表 4-7 中可以看出，AC-12 和 AC-24 的水含量分别为 94.23％和 95.64％。水含量随着羧基含量增大呈增加趋势。这是由于随着选择性氧化反应的进行，球形水凝胶表面产生的较高亲水性羧基和表面区域密度降低所致[151,269]。

▣ **表 4-7　羧基化改性球形气凝胶的质量分数和水含量**

样品	质量分数/％	水含量/％
AC-12	5.77	94.23
AC-24	4.36	95.64

表 4-8 是羧基化改性球形气凝胶的直径与密度。从表 4-8 中可以看出，AC-12 和 AC-24 的密度分别为 $0.0334g/cm^3$ 和 $0.0313g/cm^3$，这是由于在选择性氧化过程中，微晶纤维素球形水凝胶随着反应时间的进行逐渐发生溶解或开裂，导致球形水凝胶表面变粗糙，质量略微变小。

▣ **表 4-8　羧基化改性球形气凝胶的直径与密度**

样品	直径/mm	密度/(g/cm^3)
AC-12	3.203±0.014	0.0334±0.00011
AC-24	3.018±0.023	0.0313±0.00013

图 4-15 为羧基化改性球形气凝胶的宏观形貌图。由图 4-15 可知，BC-20 样品表面粗糙，部分样品发生形变；BC-40 样品表面凸凹不平，粗糙度明显增加，部分样品溶解或裂开，形状大小不一。

图 4-16 为羧基化改性球形气凝胶的微观形貌图，图（a）、（b）为改性 20h 样品的表面形貌及断面形貌，图（c）、（d）为改性 40h 样品的表面形貌及断面形貌。

从样品（a）、（c）的表面结构可以看出，样品表面有大小不一的孔隙分布。当氧化40h时，样品表面的孔隙减少，致密外壳逐渐溶解，表面露出丝网状结构，表面通透性增强。从样品（b）、（d）的内部截面形貌可以看出，样品内部呈互相交错的网状结构，随着氧化时间增长，内部网络结构逐渐纤丝化。

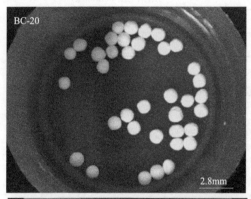

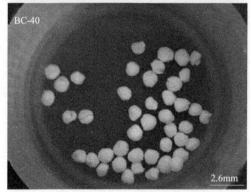

图 4-15　羧基化改性球形气凝胶的宏观形貌图

图 4-17 所示为羧基化改性样品的红外谱图。从图 4-17 中能看出，不同测试样品的红外图谱随着处理时间的增长而改变。其中，BC-40 在 3340cm^{-1} 处的 O—H 伸缩振动吸收峰相对 BC-20 有所减弱，说明随着氧化时间的增加，O—H 含量逐渐减少[271,272]；在 1600cm^{-1} 处出现了 C=O 的伸缩振动吸收峰，且 BC-40 比 BC-20 峰强度大，说明该体系的选择性氧化可以将新的羧基官能团引入到纤维素分子上。通过对比发现，TEMPO/NaClO$_2$/NaClO 氧化体系的氧化效果优于 TEMPO/NaClO/NaBr 氧化体系，进一步证明 TEMPO 的选择性处理对样品的羧基化起到了积极的作用。

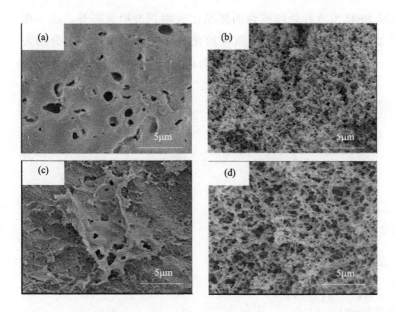

图 4-16　不同时间羧基化改性球形气凝胶的微观形貌

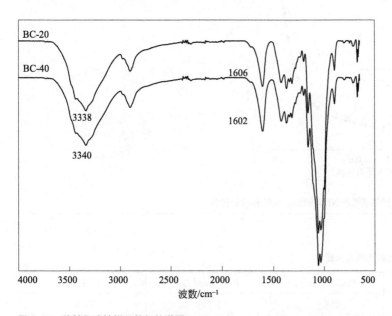

图 4-17　羧基化改性样品的红外谱图

　　图 4-18 所示为羧基化改性样品的氮气吸附/脱附曲线。结合 IUPAC 吸附等温线和图 4-18 可知，样品属于Ⅳ型等温线，并表现出 H1 型滞留环。

　　结合表 4-9 可知，BC-20 和 BC-40 的比表面积分别为 $259\text{m}^2/\text{g}$ 和 $301.4\text{m}^2/\text{g}$，

比 TEMPO/NaClO/NaBr 体系改性处理得到的样品比表面积有明显提升，这一现象可能是氧化程度增加，使得气凝胶的内部结构丝化程度加深所致，孔容分别为 $1.320 cm^3/g$ 和 $1.542 cm^3/g$，孔径为 13.65nm 和 17.68nm。

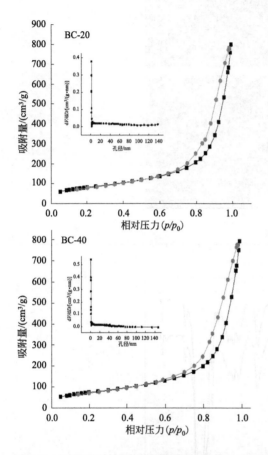

图 4-18　羧基化改性样品的氮气吸附/脱附曲线和 BJH 孔径分布曲线

☉ 表 4-9　羧基化改性样品的孔结构数据

样品	比表面积/(m^2/g)	孔容/(cm^3/g)	孔径/nm
BC-20	259.0	1.320	13.65
BC-40	301.4	1.542	17.68

　　表 4-10 为羧基化改性样品的羧基含量。从表 4-10 中得出，随着氧化处理时间的延长，羧基含量也缓慢变大。BC-20、BC-40 的羧基含量分别为 1.35mmol/g 和 1.91mmol/g。

⊡ 表 4-10　羧基化改性样品的羧基含量

样品	氧化时间/h	羧基含量/(mmol/g)
BC-20	20	1.35
BC-40	40	1.91

表 4-11 为羧基化改性样品的质量分数和含水量。从表 4-11 中可以看出，BC-20 和 BC-40 的含水量分别为 95.89% 和 96.92%，进一步说明选择性氧化时间越长，羧基含量越大。通过对比发现，在保证宏观形貌和微观形貌不受较大影响的情况下，TEMPO/NaClO$_2$/NaClO 氧化体系比 TEMPO/NaClO/NaBr 氧化体系氧化效果更佳，含水量更大。

⊡ 表 4-11　羧基化改性样品的质量分数和含水量

样品	质量分数/%	含水量/%
BC-20	4.11	95.89
BC-40	3.08	96.92

表 4-12 为羧基化改性纤维素气凝胶球的直径与密度。从表 4-12 中可以看出，BC-20 和 BC-40 的密度分别为 0.0331g/cm^3 和 0.0301g/cm^3，这是由于在选择性氧化过程中，微晶纤维素球形水凝胶随着反应时间的进行逐渐发生溶解或开裂，从而导致球形水凝胶表面粗糙，质量逐渐变小。

⊡ 表 4-12　羧基化改性纤维素气凝胶的直径与密度

样品	直径/mm	密度/(g/cm^3)
BC-20	3.105±0.013	0.0331±0.00100
BC-40	3.011±0.021	0.0301±0.00013

4.2.3　小结

① 分别采用 TEMPO/NaClO/NaBr 和 TEMPO/NaClO$_2$/NaClO 两种氧化体系处理球形水凝胶，成功地制备出羧基化改性微晶纤维素球形水/气凝胶。

② TEMPO/NaClO/NaBr 氧化体系氧化得到的羧基化改性微晶纤维素球形气凝胶表面略微粗糙且有不均匀的孔隙分布，改善了纤维素水凝胶球的表面通透性，且内部网络结构良好。随着氧化时间增加，样品表面发生变形和开裂，形状大小不一，致密外壳逐渐溶解，内部网络结构逐渐丝化且样品质量逐渐减小；随着氧化时

间增长，比表面积和孔容较 C-2 均有提升；羧基化改性微晶纤维素球形水凝胶氧化 12h 和 24h 时，羧基含量分别为 1.14mmol/g、1.79mmol/g，随着羧基含量的增大，含水量也有增加趋势。

③ TEMPO/NaClO$_2$/NaClO 氧化体系氧化得到的水凝胶表面粗糙，部分发生形变，干燥后的气凝胶内部仍保留原有的网络结构，网络结构逐渐丝化且样品表面通透性良好。但对比 TEMPO/NaClO/NaBr 氧化体系，选择性氧化速度相对缓慢，需要延长反应时间达到预想的实验效果。当氧化 20h 和 40h 时，比表面积和孔容较 TEMPO/NaClO/NaBr 氧化体系得到的样品具有提升，羧基含量分别达到 1.35mmol/g 和 1.91mmol/g，水含量分别为 95.89mmol/g 和 96.92mmol/g。因此，通过表面化学改性可以赋予凝胶特殊的功能特性，从而使其应用在更多领域。

4.3　羧基化改性纤维素球形气凝胶的吸附性能

吸附是现阶段众多学者探究的热点，包括毒气吸附、液体吸附、重金属吸附、燃料吸附等。目前，除去重金属的有效分离工艺有离子交换、沉淀、膜技术、电化学处理、蒸发凝固等，但这些技术的应用受到工艺和经济的限制[273,274]。而兼备环保、节能、高效、可循环等优点的吸附法，能有效解决目前的重金属污染问题[275]。生活中常见的重金属离子污染——Pb^{2+}污染，主要是由于工业生产（如采矿、冶炼和制造业等）、农业活动（如农药、肥料等）、城市生活（如汽车尾气、涂料等）等所致，这些污染在长期积累的情况下可直接导致土壤或水体污染，严重危害人们的健康。羧基化改性微晶纤维素球形水凝胶是一种被赋予新特性的功能型材料，其低密度、较高的羧基含量及比表面积决定了对重金属离子 Pb^{2+} 和阳离子染料较好的吸附特性。因此，本节以羧基化改性微晶纤维素球形水凝胶为研究对象，重点讨论初始浓度、时间对吸附量的影响，为水凝胶材料更好、更广泛的应用提供有利依据。

4.3.1　实验

4.3.1.1　材料与仪器

亚甲基蓝，生物染色剂，天津市天力化学试剂有限公司；硝酸铅，分析纯，天津市天力化学试剂有限公司；其他实验原料与试剂参见 4.2.1.1。

恒温振荡器；其他实验仪器参见 4.2.1.1。

4.3.1.2　制备方法

选用 4.2 节制备的 AC-12、AC-24 和 BC-20、BC-40 为供试样品。准确称取亚甲基蓝，分别配制成 10mg/L、20mg/L、30mg/L、40mg/L 和 50mg/L 的亚甲基蓝标准溶液，取 0.5g 羧基化改性微晶纤维素球形水凝胶，分别置于 10mL、3 组不同浓度的亚甲基蓝标准溶液中进行吸附，记录样品在不同条件下，如初始浓度、反应时间等情况下的吸附数据。按照浓度、时间梯度取上清液进行离心处理后，采用双光束紫外可见分光光度计（UV-Vis）在波长 664nm 进行扫描，以蒸馏水为参比液，检测不同吸附条件下上清液的吸光度，计算样品对亚甲基蓝的吸附量。吸附量 q 用式（4-4）进行计算：

$$q = (C_0 - C_e)V/M \tag{4-4}$$

式中，q 代表选择性氧化改性微晶纤维素球形水凝胶对亚甲基蓝的吸附量，mg/g；C_0 和 C_e 分别是亚甲基蓝溶液的初始浓度和平衡后溶液中残留的亚甲基蓝浓度，mg/L；V 代表亚甲基蓝溶液的体积，L；M 表示所加入羧基化改性微晶纤维素球形水凝胶的质量，g。实验重复 3 次取平均值。

选用 4.2 节制备的 AC-24 和 BC-40 为供试样品。准确称取硝酸铅，分别配制成 0.05mmol/L、0.075mmol/L、0.1mmol/L、0.15mmol/L 和 0.2mmol/L 的 $PbNO_3$ 溶液。取 0.05g 羧基化改性微晶纤维素球形水凝胶置于 25mL $PbNO_3$ 溶液中，在恒温振荡器上进行吸附。记录不同处理条件时球形水凝胶样品对 Pb^{2+} 的吸附情况。待吸附达到平衡时，取出样品用滤纸过滤，使用 TAS-990 原子吸收分光光度计测定吸附前后各溶液中 Pb^{2+} 的浓度，计算相应的吸附量。计算公式如下：

$$q = (C_0 - C_e)V/M \tag{4-5}$$

式中，q 为吸附量，mg/g；V 为加入的金属溶液体积，L；M 为加入样品的质量，g；C_0、C_e 为吸附前后溶液中金属离子的浓度，mg/L。

在吸附性实验过程中，吸附剂用量、吸附时间、溶液的 pH 值、初始浓度、反应温度等都会影响吸附实验结果。其中吸附效果的一个主要影响因素是吸附剂的用量。一般吸附位点会随着吸附剂用量的增加而增多，吸附效果就会更佳；在吸附实验刚开始时，吸附剂会迅速地吸附溶液中的阳离子或重金属离子，持续一定时间后，吸附会随着时间的增加而逐渐达到平衡[275]；在吸附重金属离子时，可根据重金属离子的污染程度选择合适的去除手段，如废水溶液中重金属离子的初始浓度较高时，可以先选择沉淀法，再利用其他有效去除手段进行处理。

4.3.2 结果与分析

图 4-19 是亚甲基蓝初始浓度对吸附量的影响。在吸附时间为 4h 的条件下，亚甲基蓝初始浓度分别为 10mg/L 和 50mg/L 时，亚甲基蓝在 AC-12、AC-24 和 BC-20、BC-40 上的吸附量分别为 0.509mg/g、1.6498mg/g、1.009mg/g、

3.1498mg/g 和 8.8532mg/g、13.6304mg/g、12.8531mg/g、20.6300mg/g。对比发现，吸附溶液浓度的不同决定了吸附量大小，结果表现很明显，BC-20 的吸附量大于 AC-12，这一结论说明 TEMPO/NaClO$_2$/NaClO 体系处理得到的改性球形水凝胶的氧化效果更佳。

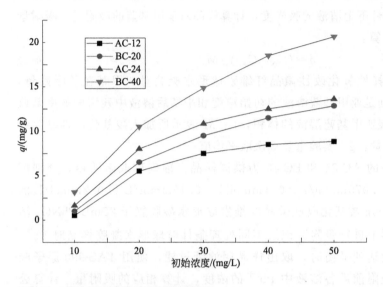

图 4-19　亚甲基蓝初始浓度对吸附量的影响

　　图 4-20 是吸附时间对亚甲基蓝吸附量（AC、BC 系列）的影响。在亚甲基蓝浓度为 30mg/L，吸附时间为 4h 时，亚甲基蓝在 AC-12、AC-24 和 BC-20、BC-40 上的吸附量分别为 5.6534mg/g、7.7522mg/g 和 6.9632mg/g、11.7519mg/g，这说明在同种氧化体系处理下的样品，吸附时间对吸附量影响较大，吸附量增长趋势显著，且吸附速率呈递增趋势，可以在较短时间内达到吸附平衡。另外，通过对比发现，在相同条件下，即确保样品表面和内部结构不变的情况下，BC-20 对亚甲基蓝的吸附量明显高于 AC-12，进一步说明在 TEMPO/NaClO$_2$/NaClO 氧化体系反应中得到的羧基化改性微晶纤维素球形水凝胶更有利于提高吸附量。

　　图 4-21 所示为 Pb^{2+} 初始浓度对吸附量（AC、BC 系列）的影响。从图 4-21 中可以看出，样品反应 4h，Pb^{2+} 初始浓度为 0.2mol/L 时，AC-12、AC-24 和 BC-20、BC-40 对 Pb^{2+} 的吸附量分别为 4.9629mg/g、5.126mg/g 和 5.032mg/g、5.332mg/g。在相同时间、同种氧化体系下，吸附效果在 Pb^{2+} 初始浓度增加的同时也出现明显改变。BC-20 和 BC-40 的吸附效果明显优于 AC-12 和 AC-24，进一步说明了 TEMPO/NaClO$_2$/NaClO 体系的氧化效果优于 TEMPO/NaClO/NaBr 体系。

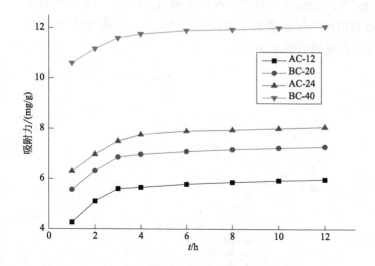

图 4-20　吸附时间对亚甲基蓝吸附量（AC、BC 系列)的影响

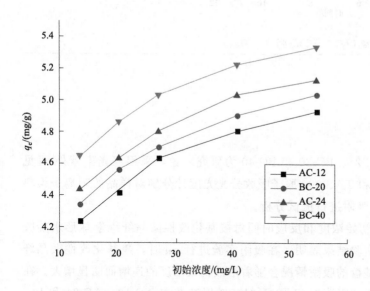

图 4-21　Pb²⁺ 初始浓度对吸附量（AC、BC 系列）的影响

　　图 4-22 是吸附时间对 Pb²⁺ 吸附量（AC、BC 系列）的影响。由图 4-22 可知，Pb²⁺ 在球形水凝胶上的吸附量随着吸附时间增加而呈现增加趋势，当样品反应 8h 条件下，吸附实验缓慢趋于平衡。在 Pb²⁺ 初始浓度为 0.2mol/L 时，吸附 8h 时，Pb²⁺ 在 AC-12、AC-24 和 BC-20、BC-40 上的吸附量分别为 4.862mg/g、

5.453mg/g 和 5.212mg/g、6.002mg/g。对比发现，在相同条件下，TEMPO/Na-ClO$_2$/NaClO 体系氧化得到的样品吸附量大于 TEMPO/NaClO/NaBr 体系氧化的样品，从而奠定气凝胶在吸附领域的研究和应用。

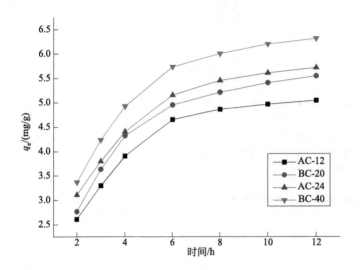

图 4-22　吸附时间对 Pb^{2+} 吸附量（AC、BC 系列）的影响

4.3.3　小结

① 选用 AC-12、AC-24、BC-20 和 BC-40 为研究对象，采用双光束紫外-可见分光光度计（UV-Vis）和 TAS-990 原子吸收分光光度计分别对样品的阳离子染料和常见重金属离子 Pb^{2+} 吸附进行测试分析。

② 系统研究了溶液初始浓度和反应时间对羧基化改性微晶纤维素球形水凝胶吸附亚甲基蓝的影响。实验结果表明，在吸附实验进行 4h 时，羧基化改性微晶纤维素球形水凝胶对亚甲基蓝的吸附情况会随着溶液初始浓度的递增而明显增大。在亚甲基蓝浓度为 30mg/L，吸附时间为 4h 时，亚甲基蓝在 AC-12、AC-24 和 BC-20、BC-40 上的吸附量分别为 5.6534mg/g、7.7522mg/g 和 6.9632mg/g、11.7519mg/g，且根据实验数据可知，BC-20 和 BC-40 对溶液的吸附量均高于 AC-12 和 AC-24，这一结果表明，TEMPO/NaClO$_2$/NaClO 体系的氧化效果优于 TEMPO/NaClO/NaBr 体系。

③ 通过 TAS-990 原子吸收分光光度计对重金属离子 Pb^{2+} 进行定性分析，结果表明：反应时间和 Pb^{2+} 初始浓度均对羧基化改性微晶纤维素球形水凝胶吸附

Pb^{2+} 的吸附量有影响。当 Pb^{2+} 初始浓度为 0.2mol/L，吸附 8h 时，吸附缓慢达到平衡。Pb^{2+} 在 AC-12 和 BC-20 上的吸附量分别为 4.8622mg/g 和 5.212mg/g，进一步说明羧基化改性微晶纤维素球形水凝胶对 Pb^{2+} 有良好的吸附能力。

4.4 磁性羧基化改性纤维素球形气凝胶的制备

近年来，随着科学技术的发展与进步和工业发展，重金属使用量呈指数增长，随之产生的重金属污染给人类的生存和健康带来了严峻挑战。重金属是指相对原子量在 63.5 到 200.6 之间或者是密度大于 $5kg/dm^3$ 的金属元素，这样的重金属元素约 45 种[276]。重金属污染具有生物富集、治理难度大、难降解、毒害大等不良特点。水环境重金属污染是指水中的重金属离子污染物超过水本身的自清洁功能，导致水环境中的性质和成分发生变化[275,276]，从而影响人类和动植物生活和健康指标的现象。水环境中重金属离子很难解决，常用的净化方法包括[135,277]：物理法、化学法和生物法。相对而言，物理处理方法中的吸附法是一种相对高效和广泛的处理方法。目前，应用较多的就是磁性 Fe_3O_4 材料。磁性 Fe_3O_4 材料比表面积大，表面存在羟基官能团，是污染处理中常用的吸附材料。但由于磁性 Fe_3O_4 表面羟基活性不够高，通常使用它时都会将其与无机或有机材料进行复合，以达到更好的吸附效果[278]。水环境中 Pb^{2+} 污染是一种常见的污染情况。铅及其化合物对人和动物均具有毒害作用，铅主要通过呼吸道进入人和动物体内，之后存在人体循环系统，在数小时之后进入血液。人体铅中毒会引起低食欲、高血压、肾功能紊乱、头痛、腹部疼痛、疲劳和痉挛等症状，还会对后代有明显影响。铅的毒害作用会直接作用于多个中枢神经，严重时可导致死亡[279]。复合凝胶是将有机物或无机物颗粒（纳米尺寸）分散在水凝胶中形成的功能性复合水凝胶材料。水凝胶再经过置换、冷冻处理、干燥等手段制备出复合气凝胶材料，一般可分两种情况：一种是在水凝胶成型前对纤维素或纤维素溶液进行改性、掺杂或原位合成；另一种是在球形水凝胶成型后对其水洗，再进行改性、原位合成、沉淀等完成复合凝胶材料的制备，赋予所需的功能和特性。它既保留了材料本身具有的功能和特性，同时也将热稳定性、机械性、轻质、高孔隙率等其他优质特性与润湿性相结合，提高了复合凝胶的可用性，拓宽了复合凝胶的应用面，是一种具有潜在研究价值的复合材料。

4.4.1 实验

4.4.1.1 材料与仪器

亚硫酸钠（Na_2SO_3），分析纯；四水合硫酸亚铁（$FeSO_4 \cdot 4H_2O$），分析纯；

六水合氯化铁（$FeCl_3 \cdot 6H_2O$），分析纯；其他实验原料与试剂参见 4.1.1.1 节。

实验仪器参见 4.1.1.1 节。

4.4.1.2　制备方法

取 0.025g Na_2SO_3 加入 200mL H_2O 中在 60℃下超声搅拌 1h，然后加入 0.6875g $FeSO_4 \cdot 4H_2O$ 连续搅拌至出现蓝色絮状沉淀，再加入 1.35g $FeCl_3 \cdot 6H_2O$ 溶解搅拌，待溶液成为鲜红色时加入 6g BC-20 球形水凝胶；原位生长 24h 后，再用流动水水洗 12h；然后将其放置在 45℃水浴锅中，依次用无水乙醇、叔丁醇分别置换出水凝胶内部所含的水和乙醇，再进行冷冻，放在 18℃冰箱中 24h。采用冷冻干燥机对样品进行处理，最终获得磁性羧基化改性球形凝胶，标记为 Fe-0.5。根据引入铁量的不同，将样品分别标记为 Fe-0.5、Fe-1.0、Fe-1.5、Fe-2.0。

4.4.1.3　样品表征

采用带有 EDAX 附件的美国 FEI 公司生产的 Quanta200 型环境扫描电子显微镜对磁性羧基化微晶纤维素球形气凝胶的微观形貌和元素进行测试分析；采用日本 RIGAKU 公司的 D/MAX-RB 型 X 射线衍射（XRD）仪对磁性羧基化微晶纤维素球形气凝胶的结晶结构进行测试，管电压 40kV，管电流 30mA，扫描范围 $2\theta = 10° \sim 80°$，扫描速度为 2.5°/min；采用北京精微高博科学有限公司生产的 JW-BK132F 型比表面积及孔径分析仪对真空干燥的磁性羧基化微晶纤维素球形气凝胶的比表面积及孔径进行测试分析。使用 TAS-990 原子吸收分光光度计对磁性羧基化微晶纤维素球形水凝胶处理过的 $PbNO_3$ 溶液进行定量分析。在室温下准确称取 25mL $PbNO_3$ 溶液并放入 50mL 锥形瓶中（带塞子），然后称量 50mg 的磁性羧基化微晶纤维素球形水凝胶置于锥形瓶中，选用恒温振荡器确保实验过程中锥形瓶内的样品吸附均匀，分别按照不同的浓度、时间条件取样。将实验后的溶液用滤纸过滤处理，采用 TAS-990 原子吸收分光光度计测定各吸附溶液中 Pb^{2+} 的浓度，计算吸附量。

4.4.2　结果与分析

图 4-23 所示为磁性羧基化微晶纤维素球形气凝胶的宏观形貌。从图 4-23 中得知，掺铁量的差异导致样品颜色明显不一样，Fe-0.5 呈黄色、Fe-1.0 呈棕色、Fe-1.5 呈深棕色、Fe-2.0 呈黑色，随着球形气凝胶中铁含量的变化，样品表观颜色逐渐变色至黑色。图 4-24 是磁铁对 Fe-1.0 的吸附效果图，从图 4-24 中可以看出，Fe-1.0 具有较大的磁性，可迅速被吸附到磁铁一侧。

图 4-25 所示为磁性羧基化微晶纤维素球形气凝胶的微观形貌。从图 4-25 中可以明显观察出，磁性羧基化微晶纤维素球形气凝胶内部呈现不规则的网状结构，且随着

铁引入量的增加，网络结构逐渐变密集，这是由于磁性 Fe_3O_4 成功地负载在磁性羧基化微晶纤维素球形气凝胶三维网络中，这更有利于磁性羧基化纤维素球形水凝胶对

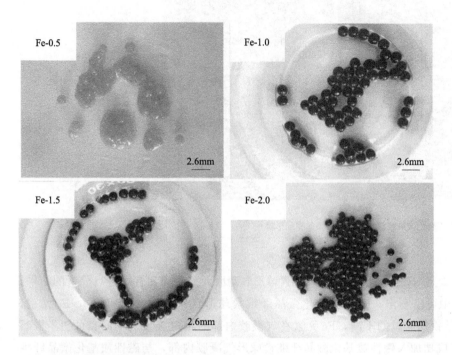

图 4-23　磁性羧基化微晶纤维素球形气凝胶的宏观形貌

图 4-24　磁铁对 Fe-1.0 的吸附效果图

重金属离子的吸附。另外，纤维素表面上的负电荷也能与 Fe_3O_4 之间产生静电作用，进一步助力形成更为稳定的磁羧基化微晶纤维素球形气凝胶[136,280]。

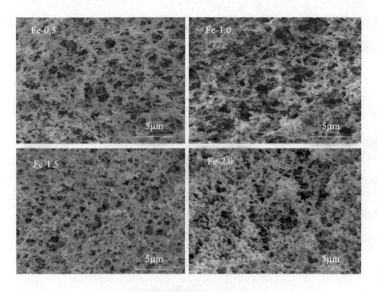

图 4-25 磁性羧基化微晶纤维素球形气凝胶的微观形貌

图 4-26 是对磁性羧基化微晶纤维素球形气凝胶元素种类和含量进行分析的结果。从图 4-26 中可以看出，磁性羧基化微晶纤维素球形气凝胶中含有 C、O、Fe 元素，且随着初始铁加入量的不同，Fe 元素在气凝胶内部的相对含量也不同。可初步推断出 Fe 已经成功加入磁性羧基化微晶纤维素球形气凝胶内部，与磁性羧基化微晶纤维素球形气凝胶微观形貌分析相符。

图 4-27 为不同元素种类和含量的样品的氮气吸附/脱附曲线和 BJH 孔径分布曲线。结合 IUPAC 吸附等温线和图 4-27 可知，样品属于 IV 型等温线，具有 H1 型滞留环，且滞留环形成在较大 p/p_0 的位置，因此可以推测该材料具有丰富的中孔和大孔。

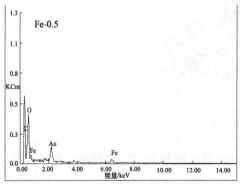

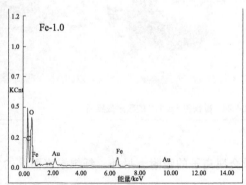

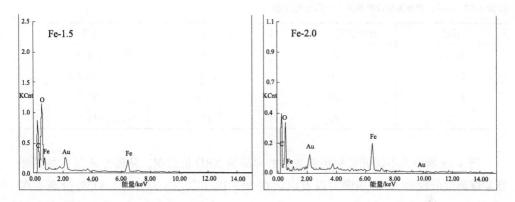

图 4-26　不同元素种类和含量的样品的能谱图

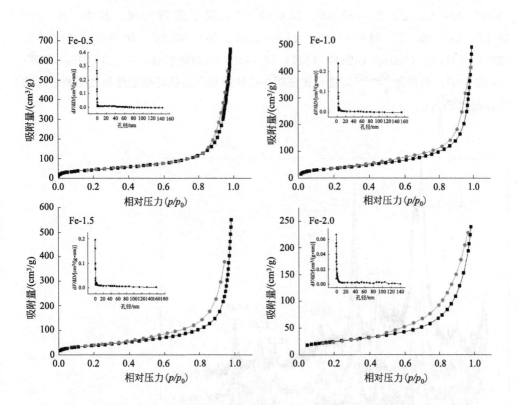

图 4-27　不同元素种类和含量的样品的氮气吸附/脱附曲线和 BJH 孔径分布曲线

结合表 4-13 不同元素种类和含量的样品的孔结构数据可知，样品的孔容和比表面积均有大幅度降低，孔径增加，这是因为 Fe_3O_4 的引入，使得 Fe_3O_4 颗粒在纤维素网络结构中包覆和生长，填充部分孔隙。

样品	比表面积/（m²/g）	孔容/（cm³/g）	孔径/nm
Fe-0.5	159	1.024	16.371
Fe-1.0	140	0.765	18.518
Fe-1.5	128	0.851	15.740
Fe-2.0	95	0.732	19.352

图 4-28 所示为不同元素种类和含量的样品的 XRD 衍射图。从磁性羧基化微晶纤维素球形气凝胶的 XRD 谱图可以看出，在 $2\theta=12.13°$、$19.98°$ 和 $21.81°$ 处分别存在特征吸收峰，$(10\bar{1})$、(101) 和 (002) 为相对应的晶面[281]，说明磁性羧基化微晶纤维素球形气凝胶仍保持纤维素 II 型的特征峰。在 $2\theta=30.12°$、$2\theta=35.52°$、$2\theta=43.00°$、$2\theta=53.52°$、$2\theta=57.08°$、$2\theta=62.87°$ 出现了强衍射峰。其中，在 $2\theta=30.12°$、$2\theta=35.52°$、$2\theta=43.00°$、$2\theta=53.52°$、$2\theta=57.08°$、$2\theta=62.87°$ 处对应 (220)、(311)、(400)、(422)、(511) 和 (440) 晶面衍射峰，与 JCPDSfile（PDF-No. 65-3107）相符合[282,283]，进一步证明在磁性羧基化微晶纤维素球形气凝胶中成功复合磁性 Fe_3O_4。

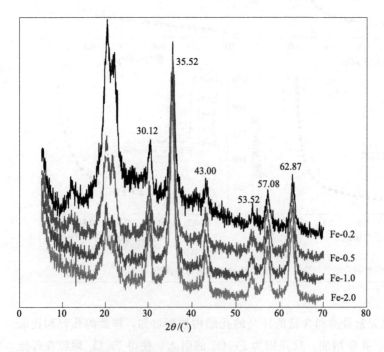

图 4-28 不同元素种类和含量的样品的 XRD 衍射图

图 4-29 所示为吸附时间对 Pb^{2+} 吸附量的影响。由图 4-29 可知，当达到吸附平衡之前，磁性羧基化微晶纤维素球形水凝胶对 Pb^{2+} 的吸附量随着吸附时间的变化而增大。吸附量在凝胶内部铁含量不同的情况下出现显著增长趋势。在 Pb^{2+} 初始浓度为 0.2mol/L，吸附 12h 时，Fe-0.5、Fe-1.0、Fe-1.5 和 Fe-2.0 对 Pb^{2+} 的吸附量分别为 8.105mg/g、8.539mg/g、9.612mg/g 和 11.221mg/g；而 BC-20 对 Pb^{2+} 的吸附量仅为 5.545mg/g，主要是由于除了羧基化改性引入的—COOH 对重金属离子 Pb^{2+} 的吸附外，还有球形水凝胶表面和内部引入的磁性 Fe_3O_4 对金属离子 Pb^{2+} 的强大吸附能力[279-282]，使得磁性羧基化微晶纤维素球形水凝胶具有双重吸附性能，在很大程度上提高了磁性羧基化球形水凝胶对 Pb^{2+} 的吸附效果。

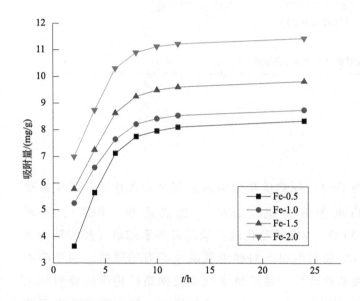

图 4-29　吸附时间对 Pb^{2+} 吸附量的影响

图 4-30 所示为初始浓度对 Pb^{2+} 吸附量的影响。从图 4-30 中得知，溶液浓度的变化可影响吸附量，而且引入的 Fe_3O_4 越多，吸附效果越好。在吸附时间为 4h，Pb^{2+} 初始浓度为 0.2mmol/L 的条件下，Pb^{2+} 在 Fe-0.5、Fe-1.0、Fe-1.5 和 Fe-2.0 上的吸附量分别为 5.432mg/g、5.984mg/g、6.537mg/g 和 7.359mg/g；而 Pb^{2+} 在 BC-20 上的吸附量为 5.032mg/L，这进一步证明了 Fe_3O_4 的掺入对于磁性羧基化微晶纤维素球形水凝胶对重金属离子的吸附是有利的，且吸附效果提高得更显著。

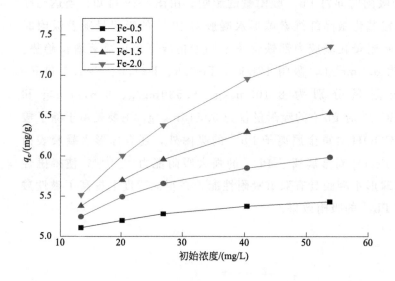

图 4-30　Pb^{2+} 初始浓度对 Pb^{2+} 吸附量（Fe 系列）的影响

4.4.3　小结

① 采用原位合成法将 Fe_3O_4 颗粒成功地引入到羧基化改性微晶纤维素球形气凝胶中。通过扫描电子显微镜（SEM）、比表面积（BET）、能谱（EDAX）、X 射线衍射（XRD）等对羧基化改性微晶纤维素球形气凝胶进行表征，结果表明，适量 Fe_3O_4 颗粒的引入对球形气凝胶原有的网络结构影响不大。由于 Fe_3O_4 颗粒在羧基化改性微晶纤维素气凝胶网络结构中的吸附和生长，使得部分孔隙被填充，故随着 Fe_3O_4 引入量的增加，气凝胶样品表面颜色从黄色缓慢加深至黑色，比表面积相对减少。XRD 图表明磁性羧基化改性微晶纤维素球形气凝胶具有明显的 Fe_3O_4 特征峰，进一步证明 Fe_3O_4 已被成功引入。

② 重金属离子吸附测试结果表明，在吸附 8h 时，吸附接近平衡。当 Pb^{2+} 初始浓度为 0.2mol/L，吸附 12h 时，Fe-0.5、Fe-1.0、Fe-1.5 和 Fe-2.0 对 Pb^{2+} 的吸附量分别为 8.105mg/g、8.539mg/g、9.612mg/g 和 11.221mg/g；而 BC-20 对 Pb^{2+} 的吸附量仅为 5.545mg/g，进一步验证了 Fe_3O_4 颗粒的添加赋予羧基化改性微晶纤维素球形水凝胶双重吸附特性，使得水凝胶材料在水体污染中占有较大优势[284]。

4.5 结论

采用 NaOH/尿素/水混合体系对微晶纤维素进行溶解，选用绿色、无毒的四氯化碳/橄榄油/冰乙酸体系作为凝胶浴，利用液滴-悬浮法用优化改进的滴球装置制备出形状规则、大小均一的纤维素球形水凝胶，并以此为基础，初步探讨改性纤维素球形水凝胶材料特殊功能特性。通过 SEM、FTIR、XRD、BET 等分析测试仪对冷冻干燥处理后获得的纤维素气凝胶微观形貌、化学态、功能特性等进行分析，结论如下：

① 针对原有滴球装置的缺点和不足进行部分改进和优化。滴液部分和成球部分的改进较大程度上满足了球形水凝胶的质量要求，采用压力原理，安装胶头气囊，可有效提高实验过程中对球形水凝胶的形状把控；固化管管口的S形设计、钢化玻璃罩密封和降低滤网数目进一步完善了球形水凝胶固化、安全密封性和确保凝胶浴循环利用等问题。利用液滴-悬浮法和滴球装置，分别用三氯甲烷/乙酸乙酯/冰乙酸和四氯化碳/橄榄油/冰乙酸凝胶浴对已溶解的纤维素进行凝胶固化，成功制备出大小均一的微晶纤维素球形水凝胶，通过流动水洗、溶剂置换、冷冻干燥等步骤制备出具有高孔隙率的球形气凝胶材料。微晶纤维素球形气凝胶的密度分布在 $0.0312 \sim 0.0412 \mathrm{g/cm^3}$ 之间，由于摩擦力作用，可以吸附在塑料瓶瓶壁上。内部呈三维网状结构，具有纤维素Ⅱ型的特征峰，C-2 比表面积达到 $212.3 \mathrm{m^2/g}$，而密度为 $0.0350 \mathrm{g/cm^3}$。

② 分别采用 TEMPO/NaClO/NaBr 和 TEMPO/NaClO$_2$/NaClO 两种选择性氧化体系对微晶纤维素球形水凝胶进行羧基化改性处理，制备得到羧基化改性球形气凝胶。结果表明，TEMPO/NaClO$_2$/NaClO 体系氧化效果优于 TEMPO/NaClO/NaBr 体系。当 TEMPO/NaClO$_2$/NaClO 体系氧化处理 20h 时，样品表面的孔隙减少，致密外壳逐渐溶解，通透性增强；同时，与未进行氧化反应的样品对比，比表面积有明显提升；羧基化改性球形水凝胶在氧化时间变化时，羧基含量变化明显，且随着氧化处理时间增长，羧基含量和含水量逐渐呈现增长趋势。

③ TEMPO/NaClO/NaBr 和 TEMPO/NaClO$_2$/NaClO 两种体系氧化处理得到的水凝胶均具有良好的吸附性能。其中，TEMPO/NaClO$_2$/NaClO 体系处理时得到的水凝胶对亚甲基蓝和 Pb^{2+} 的吸附效果更佳。BC-20 对亚甲基蓝和 Pb^{2+} 的最大吸附量可达到 12.853mg/g 和 5.332mg/g。

④ 在羧基化改性微晶纤维素球形水凝胶的基础上，采用原位合成法将 Fe$_3$O$_4$ 颗粒成功引入到水凝胶中，制备出磁性羧基化改性微晶纤维素球形凝胶。随着磁性

铁引入量的增加，气凝胶颜色逐渐加深至黑色，内部呈现不规则的三维网络结构，且网络结构逐渐密集。XRD 图谱分析可知，气凝胶仍保持纤维素 II 型的特征峰且 Fe_3O_4 的特征峰明显。随着 Fe_3O_4 颗粒在气凝胶网络结构中的吸附和生长，比表面积逐渐降低，孔体积逐渐增加。吸附实验分析表明，Fe_3O_4 的引入赋予磁性球形水凝胶材料特有的双重吸附特性，在 Pb^{2+} 初始浓度为 0.2mol/L，吸附 12h 达到吸附平衡时，Fe-1.5 对 Pb^{2+} 的吸附量为 9.612mg/g；而 BC-20 对 Pb^{2+} 的吸附量仅为 5.545mg/g，较大程度上改善了水凝胶材料的吸附性能，为羧基化改性微晶纤维素球形水凝胶的深入研究奠定基础。

⑤ 基于纤维素凝胶材料存在的潜在探究空间和深入研究的意义，将在后续研究中，对其吸附理论和磁强度方面做相关研究。

第**5**章

纤维素在海绵材料中的应用

5.1 纤维素海绵的制备和性能表征

目前，有机合成高分子类海绵在日常生活中最为常用，如聚氨酯、聚酯和聚乙烯醇海绵等。此类海绵的生产技术成熟，但其可降解性差、循环利用率低，且对能源的消耗量高。因此，制备新型的环保海绵是目前的一个研究热点，如淀粉类海绵材料[285]、纤维素复合海绵[286]、壳聚糖复合海绵[287,288]等。与传统海绵相比，纤维素海绵的亲水性好、可降解性强，且降解产物对环境无污染，具有良好的使用价值和生态效益。纤维素分子内含有大量羟基，易与水形成氢键[289]，这使得纤维素海绵的吸水能力较强[290]。但纤维素分子内和分子间存在巨大的氢键网络结构使得纤维素熔点高于其分解温度，不易实现纤维素的熔融加工，所以溶解再生的方法是目前纤维素海绵的主要制备方法。与纤维素衍生物水解法相比，利用纤维素直接溶解法制备纤维素海绵的工艺流程相对简单，且对环境的污染较小。NaOH/尿素低温溶解体系对微晶纤维素（MCC）的溶解效果好且价格低廉，更有利于实现纤维素海绵的工业化生产。在本节中，以 NaOH/尿素水溶液作为溶剂，采用可溶性固体法，以无水 Na_2SO_4 作为成孔剂，以 MCC 和医用脱脂棉作为原料制备纤维素海绵，分别讨论成孔剂的用量、MCC 与脱脂棉的比例和纤维素的总质量分数对纤维素海绵微观形貌、对水的吸附能力和拉伸强度等性能的影响，用于进一步研究、优化纤维素海绵的制备条件，从中筛选出综合性能优良的纤维素海绵。

5.1.1 实验

5.1.1.1 材料与仪器

本实验所用的原料和试剂如表 5-1 所示。

▣ 表 5-1　本实验所用实验原料和试剂

药品名称	纯度	厂家
MCC	分析纯	天津市兴复精细化研究所
氢氧化钠	分析纯	天津天力化学试剂有限公司
尿素	分析纯	天津天力化学试剂有限公司
无水硫酸钠	分析纯	天津天力化学试剂有限公司
医用脱脂棉	—	曹县华鲁卫生材料有限公司

本实验所用主要仪器如表 5-2 所示。

▣ 表 5-2　本实验所用主要仪器

仪器名称	生产厂家
XMTD-7000 型电热恒温水浴锅	天津天泰仪器有限公司
电热鼓风干燥箱	上海一恒科学仪器有限公司
BCD-249CF 型电冰箱	合肥美菱股份有限公司
TG16-WS 型台式高速离心机	湖南湘仪实验室仪器开发有限公司
TM3030 型扫描电子显微镜	日本日立公司
Quanta 2000 型扫描电子显微镜	美国 FEI 公司
Frontier 型傅里叶红外光谱仪	美国 Perkin Elmer 公司
MAX-2200VPC 型 X 射线衍射仪	日本理学公司

5.1.1.2　制备方法

首先配制一定质量的 NaOH/尿素水溶液[291]，其中 NaOH 和尿素的质量分数分别为 7% 和 12%。向该溶剂中加入一定质量的 MCC，在磁力搅拌器上混合均匀后，置于冰箱的冷冻室（-18℃）内，事先将脱脂棉剪成约 5 mm×5 mm 大小的小段，并放入烘箱中烘干。将完全冻结的纤维素溶液从冷冻室内取出，置于室温下解冻、搅拌，形成透明的纤维素溶液。将一定质量的、经过预先处理的脱脂棉加入上述溶液中，搅拌均匀，形成纤维素悬浮液。随后向该悬浮液中加入一定质量的成孔剂（无水 Na_2SO_4），混合均匀后注入模具，置于冷冻室（-18 ℃）内陈化成型 48 h。成型后脱模，用去离子水（40~50 ℃）浸泡洗涤，去除海绵中的成孔剂，并置于烘箱（40~50 ℃）中烘干。通过改变成孔剂（无水 Na_2SO_4）的用量、脱脂棉的加入比例和纤维素的总质量分数 $[\omega(MCC)+\omega(脱脂棉)]$，即可得到具有不同孔隙率和平均泡孔孔径的纤维素海绵制品。

5.1.1.3　样品表征

（1）密度和孔隙率

① 密度测定：将干燥后的纤维素海绵切割成规则的立方体，用游标卡尺分别测量其长、宽、高。每个尺寸在不同位置上测量 3 次，取平均值，计算出样品的体积 V（cm^3），再精确称量出样品的质量 m_0（g），按式(5-1) 计算海绵的密度 ρ（g/cm^3）。

$$\rho = m_0 / V \tag{5-1}$$

② 孔隙率测定：采用质量体积法，按式(5-2) 计算孔隙率[10]。

$$\theta / \% = \left(1 - \frac{m_0}{V\rho_s}\right) \times 100 \tag{5-2}$$

式中，ρ_s 为多孔体对应致密固体的密度，取再生纤维素的密度为 $1.528 g/cm^3$。

（2）红外分析　采用 Frontier 型傅里叶变换红外光谱仪对纤维素海绵所含官能团进行分析，分辨率：$1 cm^{-1}$；扫描范围：$4000 \sim 500 cm^{-1}$。

（3）微观形貌分析　采用扫描电子显微镜对海绵的微观形貌进行分析。将样品切成薄片，将横截面朝上粘贴到样品台上，喷金。

（4）吸水和保水性分析

① 吸水性测试：称量海绵干燥后的质量为 m_0，之后将样品完全浸没于室温下的去离子水中，待吸水平衡后取出，静置至不再滴水。称量吸水后样品的质量为 m_1。按式(5-3) 计算样品的吸水倍数 Q。

$$Q = (m_1 - m_0) / m_0 \tag{5-3}$$

② 保水性测试：将吸水后的海绵放入离心机中脱水，离心机转速为 500r/min，离心时间为 5min，称量脱水后海绵的质量为 m_2。按式(5-4) 计算样品的保湿倍数 RH。

$$RH = (m_2 - m_0) / m_0 \tag{5-4}$$

（5）力学强度分析　采用电子万能材料试验机测定海绵样品的拉伸强度，每组重复测定 5 次，取平均值。

5.1.2　结果与分析

5.1.2.1　成孔剂的用量对纤维素海绵性能的影响

在 5.1 节中，首先讨论了成孔剂用量对纤维素海绵性能的影响。固定纤维素悬浮液中 MCC 的质量分数为 4%，脱脂棉的质量分数为 1%，分别讨论了当成孔剂的用量分别为纤维素悬浮液质量的 0.5 倍、1 倍、1.5 倍和 2 倍（分别记为 Cel_{1-1}、Cel_{1-2}、Cel_{1-3} 和 Cel_{1-4}）时，纤维素海绵在微观形貌、吸水和保水性以及拉伸强度等方面的差异。

（1）形貌分析

① 宏观形貌分析　纤维素海绵 Cel_{1-2} 的宏观形貌如图 5-1 所示。与润湿的海绵相比，纤维素海绵在干燥后会产生一定程度的体积收缩，且海绵的形状和大小与所用的模具有关。从图 5-1 中可以看出，吸水后的纤维素海绵结构更加饱满。

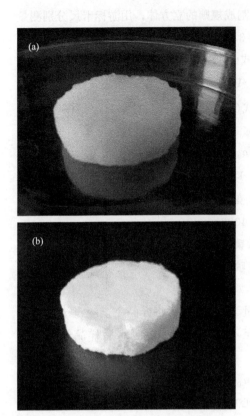

图 5-1 纤维素海绵 Cel_{1-2} 分别在润湿（a）和干燥（b）状态下的宏观形貌

② 微观形貌分析　图 5-2 为纤维素海绵横截面的微观形貌。纤维素与成孔剂的混合体在低温陈化成型过程中，溶解的纤维素逐渐凝胶化，未溶解的棉纤维则起到了骨架的作用。在洗涤过程中，随着带有结晶水的 Na_2SO_4 不断脱除，先前被其占据的空间裸露出来，形成纤维素海绵的泡孔结构。从图 5-2 中可以看出，纤维素海绵的泡孔孔径为微米级或毫米级，这与气凝胶材料纳米级的孔结构不同[292]。

如图 5-2（a）所示，Cel_{1-1} 的泡孔平均孔径相对较小，再生纤维素基本上能够完全包裹住未溶解的棉纤维，海绵的结构相对致密。与 Cel_{1-1} 相比，在 Cel_{1-2}[图 5-2（b）]中，泡孔的数目增多、平均孔径变大，但有少量棉纤维裸露出来。继续增加成孔剂的用量，如图 5-2（c）所示，虽然海绵的平均泡孔孔径继续增大，但 Cel_{1-3} 的泡孔结构稳定性较差，在切片过程中容易出现泡孔塌陷的现象。从图 5-2（d）中可以看出，与其他 3 组样品相比，Cel_{1-4} 的泡孔平均孔径相对最大，但泡孔塌陷也最为严重，棉纤维大量裸露出来。

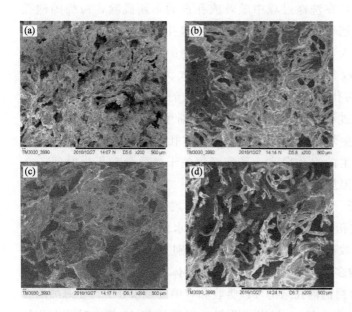

图 5-2　Cel$_{1-1}$（a）、Cel$_{1-2}$（b）、Cel$_{1-3}$（c）和 Cel$_{1-4}$（d）的微观形貌

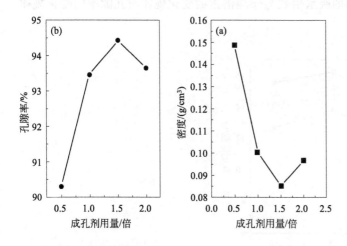

图 5-3　海绵的密度和孔隙率

（2）密度和孔隙率分析　如图 5-3 所示，随着无水 Na$_2$SO$_4$ 用量的增加，纤维素海绵的密度先减小后增加，孔隙率反之。与其他 3 组样品相比，Cel$_{1-3}$的密度相对最低（0.085g/cm³），孔隙率相对最高（94.4%）。这可能是由于海绵的泡孔结构同时受到以下几种因素的影响。首先，随着成孔剂用量的增加，海绵的泡孔体积逐渐增大、泡孔壁逐渐变薄、泡孔结构更为疏松，使海绵

的孔隙率依次增加。此外，在洗涤过程中随着成孔剂的不断脱除，海绵的泡孔结构逐渐失去支撑，在氢键和范德华力的作用下，泡孔会产生一定比例的体积收缩。泡孔的平均孔径越大，泡孔在径向方向上受到的氢键和范德华力的作用越弱，由此产生的体积收缩也越小（收缩率依次为 35％、30％、26％和27％），这也会使得海绵的孔隙率依次升高。但泡孔的体积越大，其结构稳定性越差。在洗涤和干燥的过程中，随着成孔剂的不断脱除和水分的快速流失，孔径过大的泡孔更容易产生塌陷（Cel_{1-4}），使海绵的孔隙率又有所降低。为了减少海绵在干燥过程中产生的泡孔塌陷、平衡海绵的干燥质量和干燥时间，在本节中，选择海绵的干燥温度为 40～50℃。

（3）吸水和保水性分析　海绵的吸水和保湿倍数体现出其对水的吸附能力。从图 5-4 中可以看出，随着成孔剂用量的增加，海绵的吸水倍数和保湿倍数都是先增加后降低；Cel_{1-3} 的吸水倍数和保湿倍数相对最高，分别为 16.2 倍和 13.8 倍。这是由于随着成孔剂用量的增多，海绵孔隙率和泡孔平均体积逐渐变大，在毛细作用和氢键等的共同作用下，海绵的泡孔结构可以吸收和容纳更多水分子，使海绵的吸水和保湿倍数逐渐增加（＜ 1.5 倍）；但当成孔剂的用量过高（2 倍）时，泡孔的塌陷较多，降低海绵对水的吸附能力，使其吸水倍数和保湿倍数有所降低，且保湿倍数的降低更为显著。海绵的吸水倍数与保湿倍数的变化规律与孔隙率的变化规律相符。

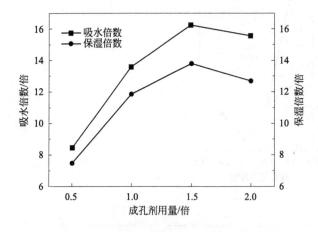

图 5-4　海绵的吸水倍数和保湿倍数

（4）拉伸强度分析　拉伸强度的大小也是评价海绵性能的一项重要指标。从图 5-5 中可以看出，随着无水 Na_2SO_4 用量的增加，海绵的拉伸强度依次降低，且Cel_{1-4} 与 Cel_{1-3} 之间拉伸强度的降低更为明显（0.16 MPa）。其主要原因可能有以下几点：一是无水 Na_2SO_4 的用量越多，海绵泡孔的平均孔径越大、孔壁越薄，泡孔的结构稳定性越差；二是海绵的泡孔壁越薄，纤维素分子之间可以形成的氢键数目越少，纤维之间的相互作用力越弱，也会导致海绵的拉伸强度依次降低。此外，当成孔剂用量过多（Cel_{1-4}）时，在经历洗涤和干燥等步骤后，海绵更容易出现宏观的裂纹，这也进一步加剧了海绵拉伸强度的降低，同时使样品的损失率明显增高。

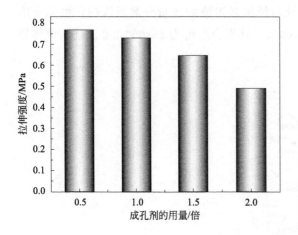

图 5-5　海绵的拉伸强度

5.1.2.2　脱脂棉的比例对纤维素海绵性能的影响

从之前的分析中可知，Cel_{1-3} 的孔隙率相对最高、吸水和保水性都相对最好。但与之相比，Cel_{1-2} 的泡孔分布更加均匀、海绵的拉伸强度更高，且样品损失率明显减小。综合考虑各种因素，在本节中，可选择成孔剂的用量为纤维素悬浮液质量的 1 倍、纤维素的总质量分数为 5% 来进行后续实验，以分别讨论当脱脂棉与 MCC 的质量比分别为 0、1∶4、1∶2、3∶4 和 1∶1（分别记为 Cel_{2-1}、Cel_{2-2}、Cel_{2-3}、Cel_{2-4} 和 Cel_{2-5}）时，纤维素海绵的化学组成、吸水和保水能力以及拉伸强度等性能的差异。

（1）红外分析　Cel_{2-1}、Cel_{2-2}、Cel_{2-5} 和 MCC 的红外吸收光谱如图 5-6 所示。MCC 的晶体类型为纤维素Ⅰ型，从吸收曲线 d 中可以看出，O—H 伸缩振动对应的吸收峰位于 $3332cm^{-1}$ 左右，且与 Cel_{2-1}、Cel_{2-2} 和 Cel_{2-5} 相比，MCC 中此吸收峰的吸收强度相对较高；位于波数为 $2894cm^{-1}$ 处的吸收峰为饱和碳氢基团伸缩振动的吸收峰[293]；$896cm^{-1}$ 处的吸收峰为不对称环向外伸缩振动的吸收峰，它是一个区分纤维素Ⅰ型和Ⅱ型最重要的特征吸收峰。与 MCC 相比，在 Cel_{2-1}、Cel_{2-2} 和 Cel_{2-5} 中，O—H 伸缩振动的吸收峰都位于 $894cm^{-1}$ 左右，可能的原因是 Cel_{2-1} 完全由再生纤维素构成，为纤维素Ⅱ型；而 Cel_{2-2} 和 Cel_{2-5} 中同时存在再生的纤维素（纤维素Ⅱ型）和未溶解的棉纤维素（纤维素Ⅰ型），但以纤维素Ⅱ型为主[263]。这可能是由于在 $-12℃$ 的氢氧化钠（7%）/尿素（12%）溶解体系中，当纤维素的分子量大于 $3.1×10^4$ 时，纤维素不能完全溶解。可溶解纤维素的质量分数随其平均分子量的降低而提高，当分子量降至 $3.1×10^4$ 时，其在溶液中的质量分数可以达到8%。此外，较高的结晶度也会阻碍纤维素在该溶剂中的溶解。实验所用的MCC分子量约为36000；在实验涉及的纤维素溶液的质量分数范围内，可完全溶解。脱脂棉中的纤维素含量接近于100%，其聚合度约为153000，在上述溶解体系中只可能有部分溶解。

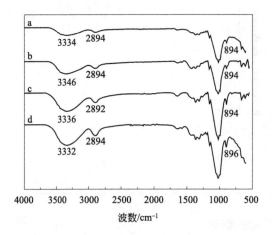

图5-6　Cel_{2-1} (a)、Cel_{2-2} (b)、Cel_{2-5} (c)和MCC (d)的红外吸收光谱

（2）微观形貌分析　纤维素海绵横截面的微观形貌如图5-7所示，其中 Cel_{2-2} 的制备条件与 Cel_{1-2} 相同。Cel_{2-1} 中没有加入棉纤维，制得的纤维素海绵泡孔平均孔径较小，且有明显的泡孔壁断裂现象，泡孔结构更趋向于闭孔型。Cel_{2-2} 中的棉纤维加入量较少，但由于棉纤维相互缠绕，形成明显的网络结构。Cel_{2-2} 的泡孔平均孔径与 Cel_{2-1} 相差不大，但海绵的泡孔结构更为疏松。与 Cel_{2-2} 相比，Cel_{2-3} 的泡孔平均孔径明显增大。这是由于海绵中存在的棉纤维具有"骨架"的作用，有利于提高泡孔的结构稳定性，减少泡孔在洗涤和干燥过程中产生的体积收缩。但当棉纤维加入比例较高时，再生纤维素无法完全包裹住未溶解的棉纤维，并使之裸露出来，且在泡孔的网络结构之外，也可能存在少量游离的棉纤维，如图（c）、（d）和（e）所示。与其他四组样品相比，Cel_{2-5} 的泡孔平均孔径相对较大，且海绵的泡孔结构最为疏松。

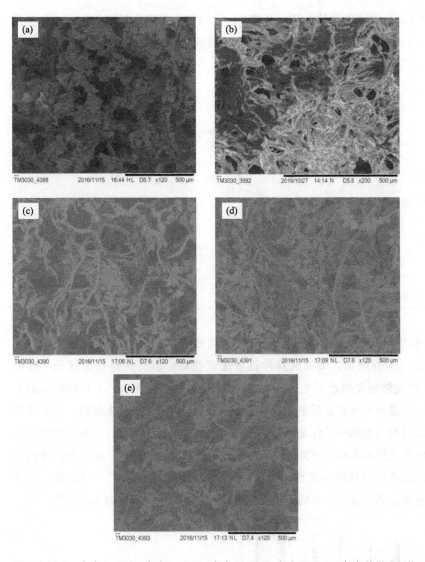

图 5-7 Cel$_{2-1}$（a）、 Cel$_{2-2}$（b）、 Cel$_{2-3}$（c）、 Cel$_{2-4}$（d）和 Cel$_{2-5}$（e）的微观形貌

（3）吸水和保水性分析　　与成孔剂的用量相比，棉纤维与 MCC 的质量比对纤维素海绵的吸水和保水性的影响相对较小，但当二者比例适当时，纤维素海绵能够表现出最佳的亲水性。从图 5-8 中可以看出，Cel$_{2-3}$ 和 Cel$_{2-5}$ 的吸水倍数和保湿倍数相对较高。可能的原因主要有以下两点：棉纤维的增多会使得海绵的泡孔网络结构更加稳定，减少海绵在洗涤和干燥过程中的体积收缩，增加泡孔的平均孔径，这有利于水分的吸收和保留。但棉纤维的比例过高，会导致其在物料混合的过程中，在纤维素混合体中分布不均匀，使海绵中游离的棉纤维增多，棉纤维之间存在着"结块"现象。这导致海绵的网络结构遭到破坏、孔隙率降低，从而降低纤维素海绵对水的吸附能力。从图 5-7 中也可以

看出，Cel_{2-3} 和 Cel_{2-5} 的泡孔平均孔径相对较大，这与吸水倍数和保湿倍数的变化规律相符。海绵表现出的吸水性和保水性的大小，与上述两种因素的相对强弱有关。

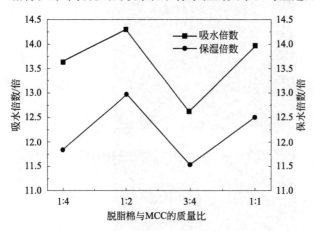

图 5-8　海绵的吸水倍数与保湿倍数

（4）拉伸强度分析　海绵拉伸强度的变化规律如图 5-9 所示。从图 5-9 中可以看出，随着脱脂棉比例的增加，海绵的拉伸强度逐渐提高，但其增量逐渐降低。其中 Cel_{2-5} 和 Cel_{2-4} 的拉伸强度相差不大，分别为 0.85 MPa 和 0.84 MPa。其可能的原因主要有以下几点：一是在纤维素总质量分数相同的前提下，棉纤维的比例越高，由棉纤维相互缠绕而形成的网络结构稳定性就越强，有利于增加海绵拉伸强度；二是当棉纤维的比例过高时，纤维之间的黏结性下降，导致海绵的拉伸强度有所降低；而且棉纤维的比例越高，纤维之间产生结块的现象也越明显，海绵在拉伸过程中会产生应力集中的现象，会使其拉伸强度有所降低。海绵的拉伸强度同时会受到上述几种因素的影响。

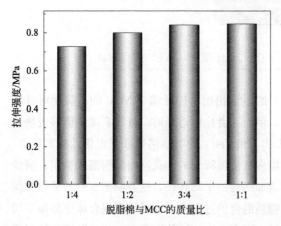

图 5-9　海绵拉伸强度的变化规律

5.1.2.3 纤维素的总质量分数对纤维素海绵性能的影响

从之前的研究中可知，Cel_{2-5} 的泡孔结构较为均匀，其拉伸强度、吸水和保湿倍数相对较高。但当纤维素的总质量分数较高时，纤维素悬浮液的黏度较大，脱脂棉的比例过高会增加海绵的制备难度；而且脱脂棉难以在制得的海绵中分布均匀，不利于得到稳定的实验结果。因此，在本节中可选择脱脂棉与 MCC 的质量比为1∶4、成孔剂的用量为纤维素悬浮液质量的 1 倍，以讨论当纤维素的总质量分数分别为 3%、4%、5%、6% 和 7%（分别记为 Cel_{3-1}、Cel_{3-2}、Cel_{3-3}、Cel_{3-4} 和 Cel_{3-5}）时，纤维素海绵在微观形貌、吸水和保水性以及拉伸强度等方面的差异。

（1）微观形貌分析　图 5-10 为纤维素海绵横截面的微观形貌。从图 5-10 中可以看出，制备的纤维素海绵呈现出类似蜂窝状的开孔结构，开孔型泡孔结构更有利于水分的吸收。当纤维素的总质量分数较低（Cel_{3-1}）时，海绵的网络结构明显，但再生的纤维素不能完全包裹住未溶解的棉纤维，泡孔壁结构不完整、孔壁较薄。随着纤维素总质量分数的增加，海绵的网络结构更加紧密，泡孔壁逐渐完整，孔壁逐渐增厚。从图 5-10中还可以看出，随着纤维素总质量分数的增加，海绵的泡孔孔径先减小后增加。其可能的原因主要有以下两点：首先，随着纤维素总质量分数的增加，海绵的密度逐渐增大、泡孔壁逐渐增厚，使泡孔的平均体积逐渐减小。但海绵的泡孔壁越完整、孔壁越厚，海绵的泡孔结构也更加稳定，减少了泡孔在洗涤和干燥过程中产生的体积收缩。由于两种因素共同作用，使得海绵的平均泡孔体积呈现出先减小后增加的趋势。

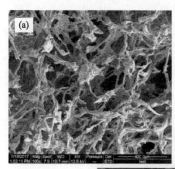 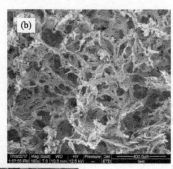

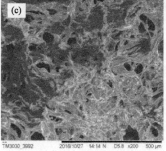

图 5-10

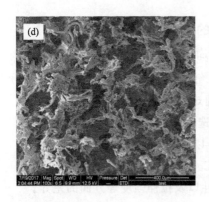

图 5-10 Cel$_{3-1}$（a）、Cel$_{3-2}$（b）、Cel$_{3-3}$（c）、Cel$_{3-4}$（d）和 Cel$_{3-5}$（e）的微观形貌

（2）吸水和保水性分析 海绵的吸水和保湿倍数的变化规律如图 5-11 所示。从图 5-11 中可以看出，随着纤维素总质量分数的增加，海绵的吸水和保湿倍数在总体上都呈现出下降趋势，但 Cel$_{3-5}$ 的吸水和保湿倍数略高于 Cel$_{3-4}$。其最主要的原因可能是：随着纤维素总质量分数的增加，泡孔壁逐渐增厚，泡孔结构中可以容纳的水的体积逐渐减小，使海绵的吸水和保湿倍数逐渐降低（＜6％）。但纤维素的总质量分数越高，泡孔壁的完整性也会越好，这有利于水分的吸收和保留，从而使得海绵的吸水和保湿倍数又有所上升，且保湿倍数的上升更为明显。

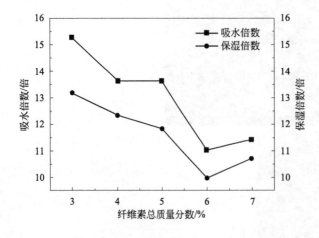

图 5-11 海绵的吸水和保湿倍数的变化规律

（3）拉伸强度分析 纤维素总质量分数对海绵拉伸强度的影响如图 5-12 所示。

从图 5-12 中可以看出，当纤维素的总质量分数从 3％增加到 6％时，随着纤维素总质量分数的增加，纤维素海绵的拉伸强度也随之增大，但当其增加到 7％时，拉伸强度略有降低。这可能是由于海绵中纤维素的含量越高，纤维素分子之间的排列越紧密，分子间距越小，范德华力和氢键的作用越强，使得纤维素海绵的拉伸强度越高。但当纤维素的总质量分数过高（7％）时，纤维素溶液的黏度较高，棉纤维很难在其中分散均匀，容易产生结块现象；使纤维素海绵在外力作用下受力不均匀，产生应力集中现象，使海绵的拉伸强度有所降低。

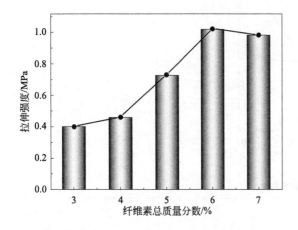

图 5-12　纤维素总质量分数对海绵拉伸强度的影响

5.1.2.4　成孔剂的回收

与其他成孔方法相比，以物理成孔法（可溶性固体法）制备纤维素海绵的过程更加简单，且无有害物质产生。但成孔剂在海绵的制备过程中用量较大，为了减少洗涤液对水体的污染并降低生产成本，需要对成孔剂进行回收。根据无水 Na_2SO_4 和洗涤液中其他溶质在不同温度下，在水中的溶解度差异，可以通过重结晶的方法对无水 Na_2SO_4 进行回收。Na_2SO_4 和洗涤液中其他主要溶质在水中的溶解度曲线如图 5-13 所示。具体的成孔剂回收流程主要分为以下几个步骤：

① 先将洗涤液用滤纸进行过滤，去除海绵屑和其他杂质。

② 将过滤后的洗涤液进行蒸发浓缩。

③ 配制 1 mol/L 的稀硫酸溶液，将浓缩后的洗涤液调至中性。

④ 根据硫酸钠和尿素在水中溶解度的不同，采用重结晶的方法即可得到带有结晶水的 Na_2SO_4。

⑤ 将带有结晶水的 Na_2SO_4 置于烘箱中，在 100 ℃下脱除结晶水，即可得到

回收的无水 Na_2SO_4。

采用上述方法对无水 Na_2SO_4 进行回收，计入所用稀硫酸与 NaOH 反应生成的硫酸钠，无水 Na_2SO_4 的回收率约为 75%，这有利于降低纤维素海绵的生产成本。

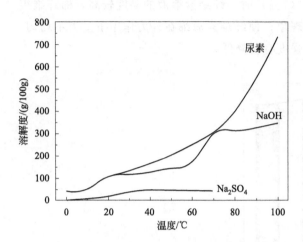

图 5-13　硫酸钠、尿素和氢氧化钠在水中的溶解度曲线

5.1.3　小结

以医用脱脂棉作为增强纤维，以无水 Na_2SO_4 作为物理成孔剂，以 NaOH/尿素水溶液作为溶剂溶解 MCC，采用物理成孔法，利用纤维素的溶解与再生制备了纤维素海绵。为了得到综合性能优良的纤维素海绵，本章分别讨论成孔剂的用量、脱脂棉与 MCC 的质量比以及纤维素总质量分数对纤维素海绵的微观形貌、吸水和保水性以及拉伸强度等性能的影响，用以进一步研究和优化纤维素海绵的制备条件，筛选出综合性能优良的纤维素海绵。得到的实验结论主要包括以下 3 个方面：

① 当纤维素的总质量分数为 5% ，棉纤维和 MCC 的质量比为 1:4 时，实验结果表明，当成孔剂的用量为纤维素悬浮液质量的 1.5 倍时，海绵的密度相对最低（$0.085g/cm^3$）、孔隙率相对最高（94.4%）、对水的吸附能力较好。但当成孔剂的用量为 1 倍时，虽然样品的孔隙率、吸水和保湿倍数相对较低，但泡孔的平均孔径适宜，海绵的拉伸强度较高，且在洗涤和干燥过程中样品的损失明显减小。综合考虑样品制备的难易程度、样品的损失率和海绵的综合性能，所选择的最佳条件为成孔剂用量为纤维素悬浮液质量的 1 倍。

② 当纤维素的总质量分数为 5％，成孔剂的用量为纤维素悬浮液质量的 1 倍时，实验结果表明，与成孔剂的用量相比，脱脂棉与 MCC 的比例对海绵的拉伸强度、吸水性和保水性等性能的影响相对较小。从红外分析中可以看出，作为增强纤维的脱脂棉在海绵制备过程中可能会有部分溶解，未溶解的部分构成了纤维素海绵的骨架。综合各种性能，当脱脂棉与 MCC 的质量比为 1：1（Cel_{2-5}）时，海绵的拉伸强度相对较大、吸水和保湿倍数相对较高，且泡孔的结构也较为均匀。

③ 当固定脱脂棉与 MCC 的质量比为 1：4，成孔剂的用量为纤维素悬浮液质量的 1 倍时，实验结果表明，增加纤维素的总质量分数会使得海绵的泡孔结构更加完整，泡孔孔壁增厚，泡孔的结构更加稳定。但随着纤维素质量分数的增加，海绵的吸水和保湿倍数在总体上呈下降趋势。海绵的拉伸强度先增加后降低，且当纤维素的总质量分数为 6％时，海绵的拉伸强度相对最高（1.02MPa），但其对水的吸附能力较差。综合考虑海绵的综合性能和制备过程的难易程度，最终选定纤维素的总质量分数为 5％。

从前面的分析中可以看出，当纤维素的总质量分数为 5％，成孔剂的用量为纤维素悬浮液质量的 1 倍，脱脂棉与 MCC 的质量比为 1：1 时，海绵的泡孔结构较为均匀，拉伸强度、吸水性和保水性都相对较好，且制备难度适中。因此，可将其选为 PEG/纤维素固-固相变储能材料的基体。

5.2 TiO₂/PEG/纤维素海绵的制备和性能表征

相变储能材料（PCMs）在太阳能的储存与转化、减小供电压力、热能回收以及建筑节能等领域都有良好的应用潜力。PEG 是一种常见的固-液相变材料，它的相变焓较高、相变温度适宜[294]，但由于液相的产生，在实际使用中需要额外的封装。为了解决这一问题，可以将其与纤维素[228]、SiO_2[295,296]、PVA[297,298] 等基体通过物理或化学的方法进行复合，制得复合固-固相变储能材料。纤维素是一种环境友好型的生物质材料，且分子内含有大量羟基，可采用化学接枝、物理共混与微胶囊法等方法与 PEG 进行有效复合，制得复合固-固相变材料。本节采用了物理共混的方法，将具有不同分子量的 PEG 与自制的纤维素海绵基体进行复合，制备了 PEG/纤维素海绵固-固相变储能材料（SS-PCMs），主要讨论了 SS-PCMs 的结构成分和热力学性能。由于再生纤维素的热导率较低，且考虑到液体泄漏的问题，海绵的孔隙结构不能完全被 PEG 填充，导致 SS-PCMs 的热导率较低。因此，为了提高复合相变材料的导热性，本章选用纳米 TiO_2 作为导热增强粒子，主要讨论纳米 TiO_2 的掺杂量对 SS-PCMs 的形状保持能力、热力学性能和导热性等性能的影响。

5.2.1 实验

5.2.1.1 材料与仪器

本实验所用原料与试剂如表 5-3 所示。

⊡ 表 5-3　本实验所用原料与试剂

药品名称	纯度	生产商
MCC	分析纯	天津市光复精细化工研究所
氢氧化钠	分析纯	天津市天力化学试剂有限公司
尿素	分析纯	天津市天力化学试剂有限公司
无水硫酸钠	分析纯	天津市天力化学试剂有限公司
医用脱脂棉	—	曹县华鲁卫生材料有限公司
PEG-2000	分析纯	天津市光复精细化工研究所
PEG-4000	分析纯	天津市光复精细化工研究所
PEG-6000	分析纯	天津市光复精细化工研究所
PEG-10000	分析纯	天津市光复精细化工研究所

本实验所用的主要仪器如表 5-4 所示。

⊡ 表 5-4　本实验所用的主要仪器

仪器名称	生产商
XMTD-7000 型电热恒温水浴锅	天津天泰仪器有限公司
电热鼓风干燥箱	上海一恒科学仪器有限公司
BCD-249CF 型电冰箱	合肥美菱股份有限公司
DRL-Ⅲ型导热系数测试仪	湘潭湘仪仪器有限公司
Quanta 2000 型扫描电子显微镜	美国 FEI 公司
Frontier 型傅里叶变换红外光谱仪	美国 Perkin Elmer 公司
超声波细胞粉碎机	宁波东芝有限公司
MAX-2200VPC 型 X 射线衍射仪	日本理学 Rigaku 仪器有限公司
Pyris 1 DSC 差示扫描量热仪	美国 Perkin Elmer 公司
Pyris 1 TGA 差示扫描量热仪	美国 Perkin Elmer 公司

5.2.1.2 制备方法

（1）纤维素海绵基体的制备　纤维素海绵基体的制备方法见 5.1.1.2。选取海绵基体的制备条件为：纤维素的总质量分数为 5%、脱脂棉与 MCC 的质量比为

1:1、成孔剂的用量为纤维素悬浮液质量的 1 倍。此外，在 TiO_2/PEG/纤维素海绵的制备过程中，为了使纤维素基体的结构更加均匀，在加入成孔剂之前，事先将成孔剂过 60 目筛，去除粒径过大的颗粒。

（2）PEG/纤维素海绵的制备　将制备好的纤维素海绵切割成一定体积的小立方体，称其干燥后的质量计为 m_1；并配制质量分数分别为 10%、20%、30%、40%、50% 的 PEG-2000、PEG-4000、PEG-6000 和 PEG-10000 的水溶液，将切割好的海绵完全浸没在上述水溶液中，并置于恒温水浴锅中，恒温水浴 1h（50℃），之后再在超声波清洗机中超声去除气泡，至气泡去除完全。最后置于烘箱中烘干，称其质量为 m_2，即可得到制备的 SS-PCMs。

（3）TiO_2/PEG/纤维素海绵的制备　将 16gPEG-6000 完全溶解在一定体积的蒸馏水中，并去除溶液中的气泡。在此之后，将一定质量的 TiO_2 缓慢加入到上述溶液中，并不断搅拌。为了抑制 TiO_2 的团聚，先将 PEG/TiO_2 悬浮液在磁搅拌器上搅拌 1h，然后置于超声波细胞粉碎机中超声粉碎 1h。随后将干燥的纤维素海绵完全浸泡在上述 TiO_2 的悬浮液中，并置于超声波清洗机中超声清洗 30min。最后将具有不同 TiO_2 质量分数的样品置于烘箱中烘干（40～60℃），将制得的 SS-PCMs 分别标记为 PCM_{2-1}、PCM_{2-2}、PCM_{2-3}、PCM_{2-4} 和 PCM_{2-5}。

5.2.1.3　样品表征

（1）SS-PCMs 中 PEG 的质量分数　SS-PCMs 中 PEG 的质量分数 w% 按公式（5-5）计算：

$$w\% = (m_2-m_1)/m_2 \times 100\% \tag{5-5}$$

w 每组分别测量 3 次，取平均值。

（2）形状稳定性　将 PEG 和 SS-PCMs 放入烘箱中 1 h，调节不同的环境温度，观察样品是否具有良好的形状保持能力，且有无 PEG 液体渗出。

（3）红外分析　采用 Frontier 型傅里叶变换红外光谱仪对样品的红外吸收光谱进行测定，分辨率为 $1cm^{-1}$，扫描范围为 4000～$500cm^{-1}$。

（4）微观形貌分析　采用 Quanta 2000 型扫描电子显微镜对样品的微观形貌进行分析，将样品切割成薄片，横截面朝上粘贴到样品台上，喷金。

（5）X 射线衍射分析　采用 D/MAX-2200VPC 型 X 射线衍射仪对样品的晶体结构进行分析。靶材为 Cu（$\lambda = 1.54056$Å，1Å = 0.1nm，余同），扫描步距为 0.02°，扫描速率为 5°/min，扫描范围（2θ）为 5°～70°，管电压为 32kV，管电流为 30mA。

（6）差热分析　采用差示扫描量热仪对样品的吸热和放热过程进行分析。取样品 10mg，从 25℃ 加热至 100℃ 后降温至常温，氮气氛围保护，加热速率为 5.0℃/min。

（7）热失重分析　采用热重分析仪对样品的热稳定性进行分析。取样 5mg，测试温度为 30~600℃，氮气氛围保护，加热速率为 10.0℃/min。

（8）热导率的测定　采用 DRL-Ⅲ型导热系数测试仪对样品的热导率进行测定。将样品切割成规则的圆柱体，圆柱体的高为 1cm，并测量其直径。热极温度设定为 50℃，将导热硅脂均匀地涂在圆柱体的上下表面后，测量样品的热导率。每组样品测量 3 次取平均值。

5.2.2　结果与分析

5.2.2.1　PEG 的分子量对 SS-PCMs 性能的影响

为了解决 PEG 在发生固-液相变时会产生液体泄漏的问题，将具有不同分子量的 PEG 和纤维素海绵基体 Cel$_{2-5}$ 进行复合。通过调节 PEG 的分子量可以制备出具有不同相变熔值和相变温度的复合相变材料。PEG 的分子量越大，其相变温度和相变熔也会越大。由于 PEG 和纤维素之间氢键的形成和海绵的多孔结构，PEG/纤维素复合相变材料可以在 PEG 发生固-液相变时具有良好的形状保持能力，在实际使用中不需要额外的封装。在所研究的温度范围（30~100℃）内，纤维素基体不会发生相变行为。一般来说，PEG 在 SS-PCMs 中的质量分数越高，制得的复合相变材料的熔融熔也会越大。但在不产生液体泄漏的前提下，纤维素基体对 PEG 的吸附能力存在极限值。虽然增加 PEG 的含量会使 SS-PCMs 的熔融熔增加，但当 PEG 的含量超过一定限度时，也会出现少量的液体泄漏。

（1）SS-PCMs 中 PEG 的质量分数　4 种不同分子量的 PEG 在 SS-PCMs 中的质量分数如图 5-14 所示。从图 5-14（a）中可以看出，随着 PEG 水溶液质量分数的增加，SS-PCMs 中 PEG 的质量分数也随之增大，但质量分数的增量逐渐减小。这是由于随着 SS-PCMs 中 PEG 质量分数的增加，海绵的泡孔逐渐被 PEG 填充，但海绵对 PEG 的吸附量存在极限值。从图 5-14（b）中可以看出，当不同分子量的 PEG 在水溶液中的质量分数分别为 10%、20%、30%、40% 和 50% 时，PEG-6000 在 SS-PCMs 中的质量分数都要明显地高于其他 3 种分子量的 PEG；而 PEG-2000、PEG-4000 和 PEG-10000 在 SS-PCMs 中的质量分数相差不大。形状保持能力的实验结果表明，当 PEG 水溶液的质量分数为 50%、环境温度为 85℃（远超过 4 种分子量的 PEG 熔点）时，以 PEG-2000、PEG-4000 和 PEG-6000 作为相变介质制备的 SS-PCMs 均不会出现液体泄漏的问题；而以 PEG-10000 作为相变介质的 SS-PCMs 则会产生轻微的液体泄漏。综上所述，与其他 3 种分子量的 PEG 相比，PEG-6000 在纤维素基体中可以达到较高的质量分数，它与纤维素基体的复合效果相对较好。

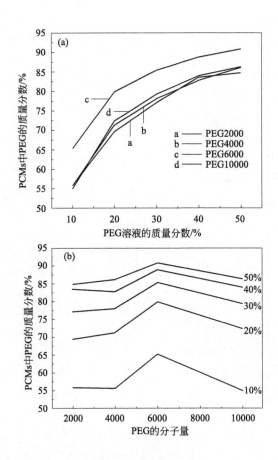

图 5-14　SS-PCMs 中 PEG 的质量分数

（2）TG 分析　根据各个分子量的 PEG 在 SS-PCMs 中的质量分数变化曲线（图 5-14），可以制备出在 SS-PCMs 中 PEG 的质量分数均为 85％的 PEG/纤维素固-固相变材料，分别记为 PCM-2000、PCM-4000、PCM-6000 和 PCM-10000。形状保持能力的实验结果表明，上述 4 种 SS-PCMs 在 PEG 发生固-液相变时均不会产生液体泄漏的问题。

图 5-15 和图 5-16 分别为 SS-PCMs 的 TG 和 DTG 曲线，表 5-5 为 SS-PCMs 的 TG 数据。从图 5-15 和表 5-5 中可以看出，与其他 3 种 PEG 相比，PEG-6000 的 $T_{-5\%}$、$T_{-50\%}$ 和 T_{max} 都相对最高，这说明其热稳定性相对较好。从图 5-16 中可以看出，当不同分子量的 PEG 与纤维素基体进行复合后，$T_{-5\%}$ 均有所降低。与其他分子量相比，虽然 PCM-10000 的 $T_{-5\%}$ 相对较高，但 PCM-6000 的 $T_{-50\%}$ 和 T_{max} 都相对最高，这说明 PCM-6000 热稳定性也相对较好。

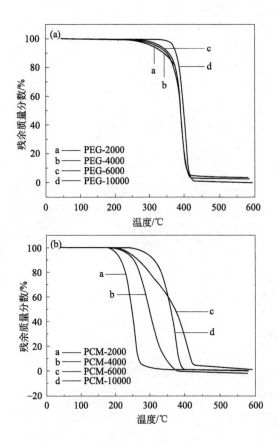

图 5-15　PEG（a）和 SS-PCMs（b）的 TG 曲线

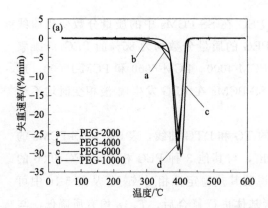

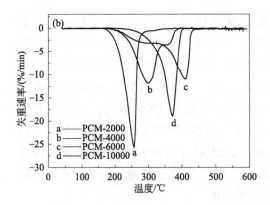

图 5-16 PEG（a）和 SS-PCMs（b）的 DTG 曲线

⊡ 表 5-5 SS-PCMs 的 TG 数据

样品	$T_{-5\%}/℃$	$T_{-50\%}/℃$	$T_{max}/℃$
PEG-2000	323.86	391.14	393.60
PEG-4000	312.13	391.63	393.31
PEG-6000	369.98	399.40	402.97
PEG-10000	334.39	391.75	394.39
PCM-2000	206.19	248.44	258.21
PCM-4000	238.41	299.36	302.34
PCM-6000	246.10	375.06	409.57
PCM-10000	293.89	362.49	374.21

5.2.2.2 PEG-6000 的质量分数对 SS-PCMs 性能的影响

从之前的分析中可知，与其他 3 种分子量的 PEG 相比，PEG-6000 在 SS-PC-Ms 中的质量分数可以达到较高的值，说明其与纤维素基体的复合效果相对较好；从 TG 分析中可以看出，与其他 3 种 PEG 相比，PEG-6000 和 PCM-6000 的热稳定性也相对较高。因此，在本节中选用 PEG-6000 作为相变介质，以 Cel_{2-5} 作为基体材料制备了 SS-PCMs。此外，还主要讨论了当 PEG-6000 水溶液的质量分数分别为 10%、20%、30%、40%、50% 和 60% 时，对 PEG 在 SS-PCMs 中的质量分数和 SS-PCMs 的热力学性能等的影响，制得的 SS-PCMs 分别记为 PCM_{1-1}、PCM_{1-2}、PCM_{1-3}、PCM_{1-4}、PCM_{1-5} 和 PCM_{1-6}。

（1）SS-PCMs 中 PEG-6000 的质量分数 PEG-6000 在 SS-PCMs 中的质量分数与 PEG-6000 水溶液质量分数的关系如图 5-17 所示。图 5-18 为 SS-PCMs 横截面的 SEM 图，其中 PEG 的质量分数为 89.62%。从图 5-17 中可以看出，SS-PCMs 中 PEG 的质量分数随着 PEG 水溶液质量分数的增加而增大，但并非线性增加。当 PEG 在水溶液中的质量分数每增加 10% 时，SS-PCMs 中 PEG 的质量分数的增量依次为 14.71%、5.36%、3.50%、1.97% 和 1.90%，增量逐渐减小。这是由于，随着 PEG 水溶液质量分数的增加，纤维素海绵的孔隙结构逐渐被 PEG 填充，使 PEG 的吸附增量逐渐减小。当 PEG 水溶液的质量分数过高（60%）时，海绵的孔隙结构接近于饱和，且由于溶液的黏度较大，海绵表面会吸附较多的 PEG 水溶液。在干燥之后，会有部分 PEG 聚集在复合相变材料的表面；当温度升高到 PEG 的熔点时，表层的 PEG 熔化，导致其产生少量的液体泄漏。形状保持实验的结果表明，当 SS-PCMs 在温度为 80 ℃（远高于 PEG-6000 熔点）的烘箱内放置 1 h 后，$PCM_{1-1} \sim PCM_{1-5}$ 均不会发生明显的液体泄漏；而 PCM_{1-6} 由于 PEG 的含量过高，会渗出少量的 PEG 液体，因此在本节中选择 $PCM_{1-1} \sim PCM_{1-5}$ 作为研究对象。

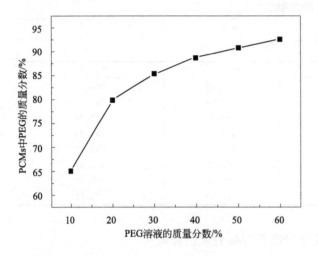

图 5-17　SS-PCMs 中 PEG-6000 的质量分数

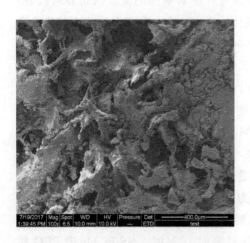

图 5-18　SS-PCMs 横截面的 SEM 图

（2）**红外分析**　Cel_{2-5}、PEG 和 PCM_{1-3} 的红外吸收光谱如图 5-19 所示。从 Cel_{2-5}（a）中可以看出，O—H 伸缩振动的特征吸收峰约在 $3334cm^{-1}$ 处；—CH_2 剪切振动对应吸收峰的波数约为 $1420cm^{-1}$；在波数为 $1156cm^{-1}$ 处的吸收峰可能对应着 C—O 伸缩振动或 O—H 弯曲振动；在 $1111cm^{-1}$ 并处没有明显的吸收峰；位于 $894cm^{-1}$ 处的吸收峰为不对称环向外伸缩振动的吸收峰。每个 PEG 分子（b）只含有两个端羟基，分别位于分子链两侧，因此羟基的吸收峰强度很弱，约在 $3472cm^{-1}$ 处。位于 $2884cm^{-1}$、$1342cm^{-1}$ 和 $1466cm^{-1}$ 处的吸收峰为 C—H 伸缩振动的吸收峰[232]。PCM_{1-3}（c）中 PEG 的质量分数约为 85%，与 Cel_{2-5} 和纯 PEG（b）相比，PCM_{1-3} 并没有出现新的特征吸收峰。与 PEG 相比，PCM_{1-3} 的羟基吸收峰的强度略微增强，约在 $3443cm^{-1}$ 处，但明显小于 Cel_{2-5}；且由于氢键的形成，PCM_{1-3} 的羟基吸收峰向低波数移动。综上所述，纤维素海绵与 PEG 之间并没有发生化学反应，二者主要靠海绵的孔隙结构和氢键作用相结合。

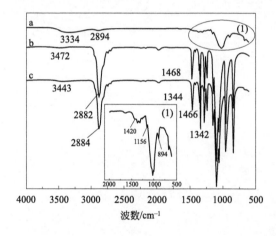

图 5-19　Cel_{2-5}（a）、　PEG（b）和 PCM_{1-3}（c）的红外吸收光谱图

（3）**XRD 分析**　图 5-20 为 PEG（a）和 SS-PCMs（b）的 XRD 图样。Cel_{2-5} 在 2θ 分别为 11.96°、20.34° 和 21.94° 处较强的衍射峰为纤维素 Ⅱ 型的特征衍射峰；而在 2θ 分别为 22.38° 和 16.20° 处很弱的衍射峰，为纤维素 Ⅰ 的特征衍射峰[299,300]。这是由于 Cel_{2-5} 中存在未溶解的棉纤维，Cel_{2-5} 的 XRD 图样是纤维素 Ⅰ 型和 Ⅱ 型衍射花样重叠的结果[235]，且以后者为主。PEG 在 2θ 分别为 18.92° 和 23.02° 处有两个强度很高的特征衍射峰[225,232]，与 PEG-6000 的特征衍射峰相符（JCPDS#50-2158）。PCM_{1-1} 中 PEG 的含量较低，PEG 和 Cel_{2-5} 的衍射花样重叠明显，但随着 SS-PCMs 中 PEG 质量分数的增加，SS-PCMs 逐渐表现为 PEG 的衍

射花样。SS-PCMs 中两个特征衍射峰的 2θ 角与纯 PEG 相差很小，这说明 Cel$_{2-5}$ 的加入不会影响 PEG 的结晶形态[301]。但 SS-PCMs 两个衍射峰的强度均明显低于纯 PEG，这说明 Cel$_{2-5}$ 的加入会导致 PEG 结晶度下降。可能的原因是纤维素基体相当于 PEG 在结晶过程中的杂质，且 PEG 与纤维素形成分子间氢键，限制 PEG 分子链的运动，从而降低 PEG 的结晶度。PCM$_{1-3}$～PCM$_{1-5}$ 的半高宽均大于纯的 PEG，这说明其中 PEG 的晶粒尺寸均小于纯的 PEG。

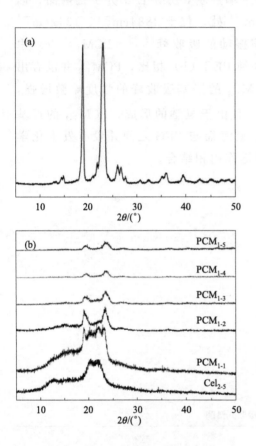

图 5-20　PEG-6000（a）和 SS-PCMs（b）的 XRD 图样

（4）SS-PCMs 的热力学性能分析

① DSC 分析　SS-PCMs 的相变温度决定了它们的工作温度范围，而相变潜热反映其吸收和释放热量的能力。Cel$_{2-5}$、SS-PCMs 和 PEG-6000 的 DSC 吸热曲线如图 5-21 所示。它们的熔点 T_m[225,302,303]（外推熔融初始温度）、熔融峰温度 T_{pf} 和熔融焓 ΔH_f/（J/g）如表 5-6 所示。SS-PCMs 中的 PEG 结晶度（X_c）可以通过式（5-6）[225] 计算。

$$X_c = \Delta H / \Delta H_0 \tag{5-6}$$

式中，ΔH_0 表示 100% 结晶度的 PEG 的熔化热，取 $\Delta H_0 = 213$J/g。

结合图 5-21 和表 5-6 可以看出，Cel_{2-5} 在 40~85℃的范围内没有熔融峰，这说明在此温度范围内纤维素基体不会发生相变行为。SS-PCMs 中 PEG 的熔点均高于纯的 PEG，这可能是由于 Cel_{2-5} 与 PEG 的端羟基形成氢键，限制 PEG 分子链的运动。但 SS-PCMs 之间熔点相差不大（<1.47 ℃），其中 PCM_{1-4} 的 T_m 和 T_{pf} 值最高，分别为 62.32 ℃和 65.74 ℃。从表 5-6 中还可以看出，随着 SS-PCMs 中 PEG 质量分数的增加，SS-PCMs 的熔融焓（ΔH_f）和 PEG 的结晶度也会随之增大。SS-PCMs 的熔融焓越高，其在 PEG 发生固-液相变时能够吸收的热量也越多。在本实验中，虽然纤维素基体的加入会使得 SS-PCMs 的熔融焓均低于纯 PEG，但制得的 SS-PCMs 的熔融焓仍可以达到较高的值（PCM_{1-5}），与纯 PEG 的熔融焓相比，减小 32.21J/g，且不会发生液体泄漏的现象。

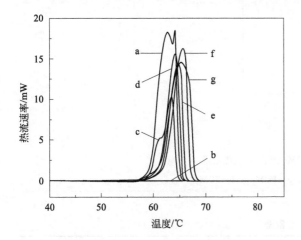

图 5-21 PEG-6000、Cel_{2-5} 和 SS-PCMs 的吸热 DSC 曲线

a—PEG-6000；b—Cel_{2-5}；c—PCM_{1-1}；d—PCM_{1-2}；e—PCM_{1-3}；f—PCM_{1-4}；g—PCM_{1-5}

▣ 表5-6 吸热过程中 PEG 和 SS-PCMs 的 DSC 数据

样品	T_m/℃	T_{pf}/℃	ΔH_f/(J/g)	X_c
PCM_{1-1}	60.85	63.47	84.08	0.3947
PCM_{1-2}	61.33	64.15	114.65	0.5383
PCM_{1-3}	61.84	64.78	120.04	0.5636
PCM_{1-4}	62.32	65.74	128.80	0.6047
PCM_{1-5}	61.43	65.43	146.88	0.6896
PEG	59.53	64.15	179.09	0.8408

SS-PCMs 和纯 PEG 的 DSC 放热曲线如图 5-22 所示，相变材料的结晶温度 T_c（外推结晶初始温度）、结晶峰温度 T_{pc} 和结晶熔 $\Delta H_c /$ (J/g) 如表 5-7 所示。实验结果表明，SS-PCMs 中 PEG 的结晶温度均低于纯 PEG，这可能也是由于纤维素和 PEG 分子间的氢键限制 PEG 分子链的运动，但 PEG 和 SS-PCMs 之间 T_{pc} 的相差很小（<1 ℃）。此外，随着 SS-PCMs 中 PEG 质量分数的增加，材料结晶熔的绝对值也会随之增大，在实验条件下，结晶熔的绝对值最高可达 137.81J/g（PCM_{1-5}），但均小于纯的 PEG（163.47 J/g）。

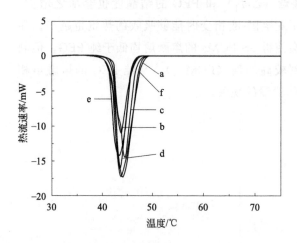

图 5-22　PEG 和不同 PEG 质量分数的 SS-PCMs 的 DSC 放热曲线
a—PEG；b—PCM_{1-1}；c—PCM_{1-2}；d—PCM_{1-3}；e—PCM_{1-4}；f—PCM_{1-5}

▣ 表5-7　放热过程中 SS-PCMs 和 PEG 的 DSC 数据

样品	$T_c/℃$	$T_{pc}/℃$	$\Delta H_c/$(J/g)
PCM_{1-1}	45.66	43.80	−77.35
PCM_{1-2}	46.50	44.49	−113.64
PCM_{1-3}	45.78	43.50	−115.20
PCM_{1-4}	46.26	43.44	−123.25
PCM_{1-5}	47.40	44.08	−137.81
PEG	47.53	43.73	−163.47

② TG 分析　具有较高的热稳定性也是相变材料的基本要求之一，这可以拓宽其应用的温度范围。图 5-23 和图 5-24 分别为 Cel_{2-5}、SS-PCMs 和 PEG 的 TG 和 DTG 曲线。从图 5-23 中可以看出，PCM_{1-1} 和 PCM_{1-5} 的热稳定性介于 Cel_{2-5} 和 PEG 之间。Cel_{2-5} 在约 50~140℃ 处有一个较小的失重峰，此时主要

是由海绵的失水引起；Cel$_{2-5}$中再生纤维的起始分解温度为 265 ℃，纤维素海绵的总失重比例约为 80％。PEG-6000 的起始分解温度约为 360℃，其失重比例约为 98％。PCM$_{1-1}$ 和 PCM$_{1-5}$ 分别从 265 ℃和 300 ℃开始失重，失重率分别约为 96.3％和 97.1％，介于 Cel$_{2-5}$ 和 PEG 之间。因此，SS-PCMs 在温度低于 250℃时具有较好的热稳定性。

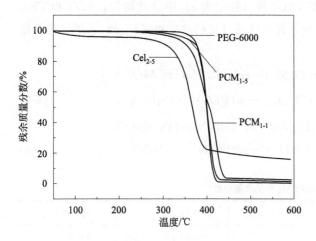

图 5-23　Cel$_{2-5}$、　PEG-6000 和 SS-PCMs 的 TG 曲线

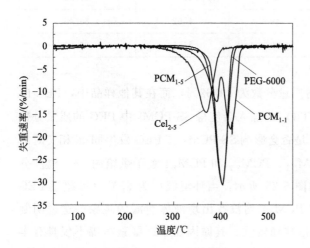

图 5-24　Cel$_{2-5}$、　PEG-6000 和 SS-PCMs 的 DTG 曲线

5.2.2.3　TiO$_2$ 的加入对 SS-PCMs 性能的影响

在之前的研究中可以看出，SS-PCMs 中纤维素基体与 PEG 可以通过海绵的孔

隙结构和氢键作用复合，用以克服液体泄漏的问题。但纤维素基体的加入会导致 SS-PCMs 的热导率较低。为了改善 PEG/纤维素固-固相变材料的导热性，在本节中以 PEG-6000 作为相变介质，以纳米 TiO_2 作为导热增强粒子，主要讨论纳米 TiO_2 掺杂量对 SS-PCMs 的热力学性能和导热性能等的影响。

（1）成分和形状稳定性分析　纳米 TiO_2 和 PEG 在悬浮液中的质量分数如表 5-8 所示。假定 TiO_2 在 TiO_2/PEG 悬浮液（标记为 a）中分散均匀，PEG 和 TiO_2 在 SS-PCMs（标记为 b）中的质量分数可以通过式(5-7)和式(5-8)求得，计算结果见表 5-8。

$$w(TiO_2)^b = \{[m(PCMs) - m(cell)]/m(PCMs)\} \times$$
$$\{\omega(TiO_2)^a/[\omega(TiO_2)^a + \omega(PEG)^a]\} \times 100\% \quad (5-7)$$

$$w(PEG)^b = \{[m(PCMs) - m(cell)]/m(PCMs)\} \times$$
$$\{\omega(PEG)^a/[\omega(TiO_2)^a + \omega(PEG)^a]\} \times 100\% \quad (5-8)$$

▣ 表5-8　纳米 TiO_2 和 PEG 在悬浮液和 SS-PCMs 中的质量分数

样品	$w(TiO_2)^a$/%	$w(PEG)^a$/%	$w(TiO_2)^b$/%	$w(PEG)^b$/%
PCM$_{2-1}$	0.00	40	0.00	89.62
PCM$_{2-2}$	0.25	40	0.54	86.64
PCM$_{2-3}$	0.50	40	1.09	87.03
PCM$_{2-4}$	0.75	40	1.62	86.45
PCM$_{2-5}$	1.00	40	2.16	86.51

注：a 表示 TiO_2/PEG 悬浮液；b 表示 SS-PCMs

计算结果表明，PCM$_{2-1}$ 中 PEG 的质量分数为 89.62%，而在其他样品中，PEG 的质量分数均为 87% 左右，这说明 TiO_2 的加入会使得 SS-PCMs 中 PEG 的质量分数略有降低。为了测试 TiO_2 的加入是否会影响 SS-PCMs 在 PEG 发生固-液相变时的形状稳定性，实验时将 PEG、PCM$_{2-1}$、PCM$_{2-2}$ 和 PCM$_{2-5}$ 置于烘箱内 1h，温度分别控制在 25℃、70℃ 和 85℃。如图 5-25 所示，当环境温度为 85℃（远超过 PEG 的熔点）时，PCM$_{2-1}$、PCM$_{2-2}$ 和 PCM$_{2-5}$ 均没有出现液体泄漏的现象。这说明制备的 SS-PCMs 表现出了非常好的形状稳定性。其原因在于纤维素海绵不仅具有丰富的孔隙结构，而且还含有大量羟基，这些羟基可以与 PEG 分子链末端的羟基结合形成氢键。当温度升高，SS-PCMs 中复合的 PEG 开始进行固-液相变时，PEG 液体在毛细管力和氢键的共同作用下，能够有效地吸附在纤维素基体上，而且纳米 TiO_2 的加入不会明显地影响 SS-PCMs 的形状稳定性。综上所述，制备的 TiO_2/PEG/纤维素海绵固-固相变材料具有良好的形状保持能力。

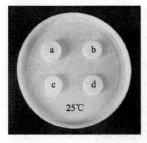 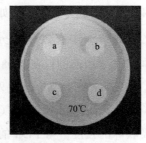 

图 5-25　SS-PCMs 的形状保持能力测试结果
a—PEG；b—PCM$_{2-1}$；c—PCM$_{2-2}$；d—PCM$_{2-5}$

（2）SEM 分析　Cel$_{2-5}$、PCM$_{2-1}$ 和 PCM$_{2-3}$ 横截面的 SEM 图如图 5-26 所示。Cel$_{2-5}$ 的泡孔直径大约在 $100 \sim 300 \mu m$ 的范围内。海绵的泡孔结构为蜂窝状的开孔型泡孔，有利于其通过物理共混法与 PEG 进行复合，并对 PEG 液相进行有效的吸附。如图 5-26(b) 所示，在 PCM$_{2-1}$ 中，绝大多数泡孔都被 PEG 所填充，此时 PEG 在 PCM$_{2-1}$ 中的质量分数为 89.6%。在本文之前的研究中，在不发生液体泄漏的前提下，SS-PCMs 中 PEG-6000 的质量分数可以达到 90.77%。此外，从图 5-26(b) 中也可以看出，吸附在纤维素基质上的 PEG 呈现出明显的层状结构。从图 5-26(c) 中可以看出，纳米 TiO$_2$ 的掺杂使得 PEG 在纤维素海绵的孔隙结构中分布更为均匀，这可能是由于 TiO$_2$ 的加入降低了 PEG 溶液的黏度，使 PEG 在纤维素海绵基体中的吸附更为均匀。

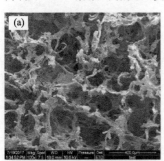 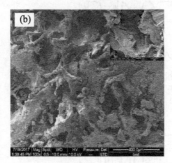

图 5-26　Cel$_{2-5}$、PCM$_{2-1}$ 和 PCM$_{2-3}$ 横截面的 SEM 图
(a) Cel$_{2-5}$；(b) PCM$_{2-1}$；(c) PCM$_{2-3}$

（3）红外分析　TiO_2、Cel_{2-5} 和 Cel_{2-1} 的红外吸收光谱如图 5-27(a) 所示。Cel_{2-5} 和 Cel_{2-1} 的红外吸收光谱在本文之前的章节中有过详细分析。纯 TiO_2[304-306] 在 $632cm^{-1}$ 处的吸收峰是由 Ti—O 的伸缩振动引起的；在 $3398cm^{-1}$ 处较宽的吸收峰是 Ti—OH 键伸缩振动的特征吸收峰。PEG 和 SS-PCMs 的红外吸收光谱如图 5-27(b) 所示。PEG（$3474cm^{-1}$）、PCM_{2-1}（$3446cm^{-1}$）和 PCM_{2-5}（$3426cm^{-1}$）的羟基吸收峰的强度要明显小于 Cel_{2-5} 中羟基吸收峰的强度。与 PEG 的羟基吸收峰相比，由于氢键的形成，PCM_{2-1} 和 PCM_{2-5} 的羟基吸收峰均向低波数移动。PEG 的典型吸收峰分别位于 $3474cm^{-1}$（O—H 伸缩振动）、$2882cm^{-1}$（—CH_2 伸缩振动）和 $1094cm^{-1}$（C—O—C 对称伸缩振动）[232] 处。在 PCM_{2-5} 中，$632cm^{-1}$ 处的吸收峰为 Ti—O 伸缩振动的特征吸收峰，这表明了纳米 TiO_2 成功地掺杂进入 SS-PCMs 中。与纯 PEG、TiO_2 和 Cel_{2-5} 相比，在 PCM_{2-1} 和 PCM_{2-5} 中没有出现新的特征峰，这说明在 SS-PCMs 的制备过程中，海绵基体、PEG 和 TiO_2 之间没有发生化学反应。

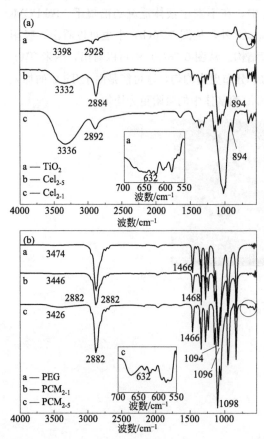

图 5-27　样品的红外吸收光谱

（4）XRD 分析　图 5-28 为纯 TiO_2、Cel_{2-5}、PEG 和 SS-PCMs 的 XRD 图样。纯 TiO_2 的粉末衍射图样与四方晶型的锐钛矿型二氧化钛（CPDS♯99-0008）相符。Cel_{2-5} 的衍射图样是由纤维素Ⅰ和纤维素Ⅱ的衍射图样重叠而来的结果，但后者占主导地位。其原因可能是，虽然在海绵的制备过程中，脱脂棉与 MCC 的质量比为 1:1，但在陈化成型和脱除成孔剂的过程中，部分脱脂棉中的纤维素（Ⅰβ型）在碱溶液中逐渐润胀，然后形成热力学性质更稳定的纤维素Ⅱ[299,300]。纤维素Ⅱ的 3 个特征衍射峰分别位于 12.70°、20.16° 和 22.16° 处，它们的晶面指数分别为 $(1\bar{1}0)$、(110) 和 (020)。从图 5-28(c) 中可以看出，$PEG^{[62]}$ 在 19.76° 和 23.88° 处有两个很强的特征衍射峰，但当 PEG 与 Cel_{2-5} 和 TiO_2 复合时，这两个衍射峰的衍射强度明显降低。这表明与纯 PEG 相比，纤维素基体和 TiO_2 的加入会降低 PEG 的结晶度。可能的原因是纤维素基体和 TiO_2 相当于 PEG 在结晶过程中的杂质，且 PEG 与纤维素形成氢键，限制 PEG 分子链的运动，从而降低 PEG 的结晶度。另外，这两个衍射峰的 2θ 角几乎与纯 PEG 一致，这表明 PEG 的结晶形态不受纤维素基体和 TiO_2 的影响。

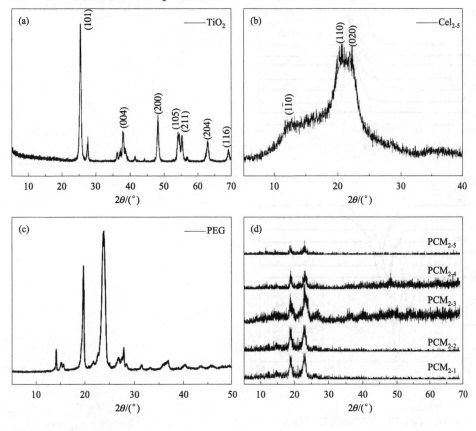

图 5-28　样品的 XRD 图样

（5）热力学性能分析

① DSC 分析　　具有不同 TiO_2 和 PEG 质量分数的 SS-PCMs 在升温和降温过程中的 DSC 曲线如图 5-29 所示，相应数据见表 5-9。从表 5-9 中的数据可以看出，SS-PCMs 的熔融焓均小于纯 PEG（178.6J/g）。这主要是因为纤维素基体和 TiO_2 在 25～100℃ 内均没有相变焓，相变焓的大小主要取决于 SS-PCMs 中 PEG 的质量分数。除此之外，PEG 与纤维素之间的氢键作用也会限制 PEG 分子链的运动，从而影响到 SS-PCMs 中 PEG 的熔融温度和结晶度。当纳米 TiO_2 掺杂到 SS-PCMs 中时，PCM_{2-2} 到 PCM_{2-5} 的熔融焓（ΔH_m）均高于 PCM_{2-1}。这可能是由于 TiO_2 的掺杂使得 SS-PCMs 的热导率增加，提高 SS-PCMs 对环境温度变化的响应速度，使其可以吸收和释放更多的热量。然而 TiO_2 的加入也会使 PEG 在 SS-PCMs 中的质量分数有所降低，如

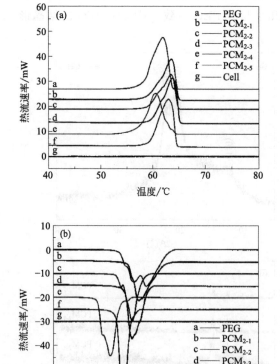

图 5-29　PEG、Cel_{2-5} 和 SS-PCMs 的 DSC 曲线

（a）升温过程；（b）降温过程

表 5-9 所示，从而降低 SS-PCMs 的熔融焓。此外，在 SS-PCMs 中，PEG 的熔融温度都与纯 PEG 相差不大，温度差在 $-0.09 \sim 2.34 ℃$ 的范围内。根据式(5-6)，可以计算出 SS-PCMs 中 PEG 的结晶度（X_c）。从表 5-9 中可以看出，SS-PCMs 中 PEG 结晶度均低于纯 PEG，这也可以在 XRD 分析中得到验证。

⊡ **表 5-9 PEG 和 SS-PCMs 的 DSC 数据**

样品	$T_m/℃$	T_{max}[①]$/℃$	$\Delta H_m/(J/g)$	X_c	$T_c/℃$	T_{max}[②]$/℃$	$\Delta H_c/(J/g)$
PEG	58.22	61.87	178.6	0.8385	46.77	43.68	-165.8
PCM$_{2\text{-}1}$	60.17	63.49	140.9	0.6615	45.83	42.67	-127.4
PCM$_{2\text{-}2}$	60.03	63.49	147.0	0.6901	42.82	41.64	-130.2
PCM$_{2\text{-}3}$	60.56	63.73	149.0	0.6995	43.93	41.65	-130.4
PCM$_{2\text{-}4}$	58.13	60.46	142.7	0.6700	39.68	38.41	-122.1
PCM$_{2\text{-}5}$	59.48	62.95	147.6	0.6704	41.45	40.41	-129.6

① 升温过程。

② 降温过程。

如图 5-29(b) 和表 5-9 所示，在冷却过程中 $|\Delta H_c|$ 的变化规律与 ΔH_m 相似。虽然 TiO_2 的掺杂会提高 SS-PCMs 对温度变化的响应速度，但也会降低 PEG 在 SS-PCMs 中的质量分数，而后者对相变焓的影响相对更为显著。正是由于这个原因，PCM$_{2\text{-}4}$ 的 ΔH_m 和 $|\Delta H_c|$ 都要明显低于 PCM$_{2\text{-}2}$、PCM$_{2\text{-}3}$ 和 PCM$_{2\text{-}5}$。另外，PCM$_{2\text{-}1}\sim$PCM$_{2\text{-}5}$ 的结晶温度都要低于纯的 PEG，这也是由于 PEG 与纤维素之间的氢键作用会限制 PEG 分子链的运动。综上所述，PEG 的质量分数是影响 SS-PCMs 相变焓的一个主要因素，但是掺杂适量 TiO_2 也会增加其在相变过程中吸收和释放的热量。

② TG 分析　热稳定性也是 SS-PCMs 的一个重要性能。PEG、Cel$_{2\text{-}5}$ 和 SS-PCMs 的 TG 和 DTG 曲线分别如图 5-30 和图 5-31 所示，并在表 5-10 中列出相应的降解数据。如图 5-30 所示，大约在 $50 \sim 135 ℃$ 的范围内，纤维素基体有一个失重峰（5.89%），主要原因是加热过程中水分的脱除。纤维素的起始分解温度在 265 ℃ 左右，在此阶段纤维素的质量损失约为 94%。另外，PCM$_{2\text{-}1}$ 至 PCM$_{2\text{-}4}$ 的 $T_{-50\%}$ 和 T_{max} 均高于纯的 PEG-6000。但所有的 SS-PCMs 的 $T_{-5\%}$ 都低于纯 PEG，且随着 TiO_2 质量分数的增加，$T_{-5\%}$ 也会逐渐降低。实验结果表明，当环境温度低于 220 ℃ 时，TiO_2/PEG/纤维素海绵固-固相变材料表现出较好的热稳定性，这可以拓展其应用的温度范围。

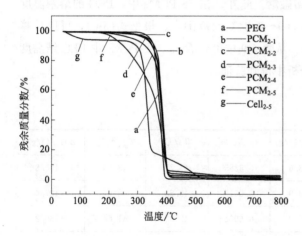

图 5-30 PEG、Cel$_{2-5}$ 和 SS-PCMs 的 TG 曲线

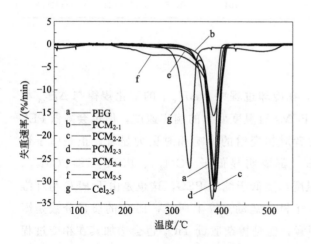

图 5-31 PEG、Cel$_{2-5}$ 和 SS-PCMs 的 DTG 曲线

③ 导热性能分析　由于纤维素海绵的热导率低，且海绵的孔隙结构不能被 PEG 完全填充，这使得制备的 SS-PCMs 热导率较低，其对温度变化的响应速度较慢。纳米金属氧化物和纳米金属粒子具有较高的热导率，因此采用了纳米 TiO$_2$ 作为 SS-PCMs 的导热增强粒子。表 5-11 列出了 PEG 和 SS-PCMs 的热导率。如表 5-11 所示，与纯的 PEG 相比，PCM$_{2-1}$ 的热导率降低了 0.018[W/(m·K)]，此时 PEG 在 SS-PCMs 中的质量分数为 89.62%；当纳米 TiO$_2$ 掺杂到 SS-PCMs 中时，随着 TiO$_2$ 质量分数的增加，SS-PCMs 的热导率依次升高。当 SS-PCMs 中 TiO$_2$ 的质量分数分别为 0.54%、1.09%、1.62% 和 2.16% 时，SS-PCMs 的热导率分别为

$0.310W/(m \cdot K)$、$0.315W/(m \cdot K)$、$0.325W/(m \cdot K)$ 和 $0.331[W/(m \cdot K)]$。实验结果表明，纳米 TiO_2 的掺杂可以有效地提高 PEG/纤维素固-固相变材料的热导率。这不仅是由于掺杂的纳米 TiO_2 具有较高的热导率，且纳米 TiO_2 的掺杂可以使 PEG-6000 在纤维素基体中的分布更为均匀，这也有利于改善 SS-PCMs 的导热性。

▣ 表5-10 PEG、Cel_{2-5} 和 SS-PCMs 的 TG 数据

样品	$w(TiO_2)/\%$	$T_{-5\%}/℃$	$T_{-50\%}/℃$	$T_{max}^{①}/℃$
PEG	—	346.36	377.36	381.60
PCM_{2-1}	—	339.75	385.38	387.85
PCM_{2-2}	0.25	335.94	384.77	386.62
PCM_{2-3}	0.50	329.50	381.91	384.32
PCM_{2-4}	0.75	283.82	382.72	387.03
PCM_{2-5}	1.00	222.04	366.41	384.88
$Cel_{2-5}^{②}$	—	302.71	334.20	335.00

① 降解速率最大时对应的温度。

② 去掉脱除水分的过程。

▣ 表5-11 SS-PCMs 和 PEG 的热导率

样品	PCM_{2-1}	PCM_{2-2}	PCM_{2-3}	PCM_{2-4}	PCM_{2-5}	PEG
$w(TiO_2)/\%$	0	0.54	1.09	1.62	2.16	0
热导率/$[W/(m \cdot K)]$	0.293	0.310	0.315	0.325	0.331	0.311
热导率增量/%	—	5.64	7.33	10.86	12.93	—

5.2.3 小结

为了解决 PEG 在发生固-液相变时发生液体泄漏的问题，本节采用了 Cel_{2-5} 作为基体，通过物理共混的方法制备了 SS-PCMs，主要讨论了 PEG 分子量、PEG-6000 质量分数和纳米 TiO_2 的掺杂对 SS-PCMs 的形状保持能力、热力学性能以及导热性等性能的影响。得出的实验结论主要包括以下 3 个部分：

① 当不同分子量的 PEG 在水溶液中的质量分数相同时，与其他 3 种分子量相比，PEG-6000 在 SS-PCMs 中的质量分数相对最高，这说明 PEG-6000 与纤维素基

体的复合效果相对较好；从热稳定性的分析中可知，与其他 3 种 PEG 相比，PEG-6000 和 PCM-6000 的热稳定性也相对较好。

② SS-PCMs 中的纤维素基体与 PEG 主要依靠海绵的孔隙结构和氢键作用复合，并无新的化合物产生；与纯的 PEG-6000 相比，虽然纤维素基体的加入会使得 SS-PCMs 中 PEG 的结晶度和相变熵的绝对值均低于纯 PEG，但 $PCM_{1-1} \sim PCM_{1-5}$ 在发生固-液相变时，均不会发生液体泄漏的问题。SS-PCMs 的熔融熵和 PEG 的结晶度会随着 PEG 的质量分数的增加而增大，在本节中，PEG 的质量分数可以达到 90.77%（PCM_{1-5}），熔融熵最高可以达到 146.88J/g，结晶熵的绝对值最高可达 137.81J/g。与纯的 PEG-6000 和 Cel_{2-5} 相比，SS-PCMs 的热稳定性也相对较好。

③ 为了减少由于纤维素基体的加入而导致的 SS-PCMs 热导率降低，本实验以纳米 TiO_2 为导热增强粒子制备 TiO_2/PEG/纤维素海绵固-固相变储能材料。当环境温度远超过 PEG 的熔点时，制备的 SS-PCMs 仍然可以稳定地保持固态状态，且不会发生液体泄漏的问题。纳米 TiO_2 的加入会使得 SS-PCMs 中 PEG 的质量分数略有降低，但在实验所研究的范围内，随着纳米 TiO_2 在 SS-PCMs 中质量分数的增加，SS-PCMs 的热导率也随之增大。当 TiO_2 在 SS-PCMs 中的质量分数为 2.16% 时，与不掺杂 TiO_2 的 SS-PCM 相比，热导率增加 12.93%，这说明 TiO_2 的掺杂可以有效地提高 SS-PCMs 的热导率。除此之外，掺杂适量的纳米 TiO_2 也可以增加 SS-PCMs 在相变过程中吸收和释放的热量。TG 分析的实验结果表明，与纯 PEG 相比，SS-PCMs 在 220℃ 以下的热稳定性较好，这也拓展了其应用范围[307]。

5.3　结论

本章采用了物理成孔法中的可溶性固体法制备了纤维素海绵，并分别讨论了成孔剂的用量、脱脂棉与 MCC 的比例以及纤维素的总质量分数对纤维素海绵的微观形貌、吸水和保水性以及拉伸强度等性能的影响。

当纤维素的总质量分数为 5%，棉纤维和 MCC 的质量比为 1∶4，成孔剂的用量依次为纤维素悬浮液质量的 0.5 倍、1 倍、1.5 倍和 2 倍时，实验结果表明：当成孔剂的用量为纤维素悬浮液质量的 1.5 倍时，海绵的孔隙率相对最高（94.4%），对水的吸附能力相对较好。但当成孔剂的用量为 1 倍时，虽然海绵的孔隙率、吸水和保湿倍数相对较低，但泡孔的分布更加均匀，海绵的拉伸强度更高，且在制备的过程中样品的损失很小。当纤维素的总质量分数为 5%，成孔剂的用量为纤维素悬浮液质量的 1 倍，脱脂棉与

MCC 的质量比依次为 0、1∶4、1∶2、3∶4 和 1∶1 时，实验结果表明：与成孔剂的用量相比，脱脂棉与 MCC 的比例对海绵的力学强度、吸水和保湿性等影响相对较小。从红外分析中可以看出，脱脂棉在海绵的制备过程中会有部分溶解，未溶解部分构成纤维素海绵的骨架结构。综合各种性能，Cel_{2-5}（1∶1）的拉伸强度（0.85MPa）、吸水（14.0 倍）和保湿倍数（12.5 倍）相对较高，且泡孔结构较为均匀。当脱脂棉与 MCC 的质量比为 1∶4，成孔剂用量为纤维素悬浮液质量的 1 倍，纤维素的总质量分数依次为 3%、4%、5%、6% 和 7% 时，实验结果表明：随着纤维素的总质量分数增加，海绵的泡孔结构更加完整，孔壁增厚、泡孔结构更加稳定；海绵对水的吸附能力总体上呈现出下降趋势；海绵的拉伸强度先增加后降低，当纤维素的总质量分数为 6% 时，海绵的拉伸强度较高（1.02MPa），但它对水的吸附能力较差。当纤维素的总质量分数为 5% 时，海绵的综合性能较好，且制备难度适中。为了降低生产成本，减少环境污染，本章对无水 Na_2SO_4 进行回收，回收率约为 75%。

纤维素海绵不仅具有丰富的孔隙结构，且纤维素分子内含有大量的羟基，使其可以通过物理共混法与 PEG 进行性复合，制备出 PEG/纤维素固-固相变储能材料，用以克服 PEG 在发生固-液相变时产生液体泄漏的问题。从之前的分析中可知，纤维素海绵 Cel_{2-5}（纤维素的总质量分数为 5%，棉纤维和 MCC 的质量比为 1∶1，成孔剂的用量为纤维素悬浮液质量的 1 倍）的泡孔结构较为均匀、拉伸强度相对较高、吸水和保水性都相对较好，且制备难度适中，因此，将其选为 SS-PCMs 的基体。还主要讨论了 PEG 的分子量、PEG-6000 的质量分数和纳米 TiO_2 的掺杂对 SS-PCMs 的成分与结构、热力学性能和导热性能等的影响。

当 PEG 在水溶液中的质量分数相同时，与其他 3 种分子量相比，PEG-6000 在 SS-PCMs 中的质量分数可以达到较高值，与纤维素基体的复合效果相对较好；从热稳定性分析中可知，与其他 3 种 PEG 分子相比，PEG-6000 的热稳定性也相对较好。因此，将 PEG-6000 选为 SS-PCMs 的相变介质。与纯 PEG-6000 相比，虽然纤维素基体的加入会使 SS-PCMs 中 PEG 的结晶度和相变焓的绝对值降低，但 PCM_{1-1}～PCM_{1-5} 在发生相变时，均不会产生明显的液体泄漏问题。在本实验中，PEG 在 SS-PCMs 中的质量分数可以达到 90.77%（PCM_{1-5}）。复合相变材料的熔融焓和 PEG 的结晶度会随着 PEG 质量分数的增加而增大。PCM_{1-5} 的熔融焓和结晶焓的绝对值相对最高，分别为 146.88J/g 和 137.81J/g。SS-PCMs 的热稳定性介于纯 PEG 和 Cel_{2-5} 之间，TG 结果表明，当环境温度低于 250 ℃时，PEG/纤维素 SS-PCMs 的热稳定性较好。

为了提高 PEG/纤维素海绵固-固相变储能材料的热导率，以纳米 TiO_2 为导热增强粒子制备了 TiO_2/PEG/纤维素海绵固-固相变储能材料。形状保持实验的结果表明，当环境温度为 85℃（远超过 PEG-6000 的熔点）时，SS-PCMs 仍然可以稳定地保持固态，且不会发生液体泄漏的问题。与纯 PEG 相比，虽然纤维素基体的加入会降低相变潜热、PEG 的结晶度和热导率，但掺杂适量的纳米 TiO_2 不仅可以提高 SS-PCMs 的热导率，也可以有利于增加 SS-PCMs 在相变过程中吸收和释放的热量。TG 实验结果表明，TiO_2/PEG/纤维素海绵 SS-PCMs 在 220 ℃ 以下的热稳定性较好，这也拓展了其应用范围。

参 考 文 献

[1] Brauns F E, Brauns D A. The chemistry of lignin [M] . New York: Academic Press, 1960.

[2] Sjostrom E. Wood Chemistry, fundamentals and applications [M] . New York: Academic Press, 1981.

[3] 刘元俊, 冯永强, 贺传兰, 等. 玻璃微珠增强硬质聚氨酯泡沫塑料的压缩性能及热稳定性 [J] . 复合材料学报, 2006 (2): 65-70.

[4] 黎先发, 罗学刚. 木质素在塑料中的应用研究进展 [J] . 塑料, 2004 (4): 58-61.

[5] Sameni J, Krigstin S, Jaffer S A, et al. Preparation and characterization of biobased microspheres from lignin sources [J] . Industrial Crops and Products, 2018, 117: 58-65.

[6] Figueiredo P, Lintinen K, Hirvonen J T, et al. Properties and chemical modifications of lignin: Towards lignin-based nanomaterials for biomedical applications [J] . Progress in Materials Science, 2018, 93: 233-269.

[7] Melro E, Alves L, Antunes F E, et al. A brief overview on lignin dissolution [J] . Journal of Molecular Liquids, 2018, 265: 578-584.

[8] Kuznetsov B N, Chesnokov N V, Sudakova I G, et al. Green catalytic processing of native and organosolv lignins [J] . Catalysis Today, 2018, 309: 18-30.

[9] Malaeke H, Housaindokht M R, Monhemi H, et al. Deep eutectic solvent as an efficient molecular liquid for lignin solubilization and wood delignification [J] . Journal of Molecular Liquids, 2018, 263: 193-199.

[10] Hita I, Heeres H J, Deuss P J. Insight into structure-reactivity relationships for the iron-catalyzed hydrotreatment of technical lignins [J] . Bioresource Technology, 2018, 267: 93-101.

[11] Wendisch V F, Kim Y, Lee J H. Chemicals from lignin: Recent depolymerization techniques and upgrading extended pathways [J] . Current Opinion in Green and Sustainable Chemistry, 2018, 14: 33-39.

[12] Zirbes M, Waldvogel S R. Electro-conversion as sustainable method for the fine chemical production from the biopolymer lignin [J] . Current Opinion in Green and Sustainable Chemistry, 2018, 14: 19-25.

[13] Rohde V, Hahn T, Wagner M, et al. Potential of a short rotation coppice poplar as a feedstock for platform chemicals and lignin-based building blocks [J] . Industrial Crops and Products, 2018, 123: 698-706.

[14] 赵德仁. 高聚物合成工艺学 [M] . 北京: 化学工业出版社, 1995.

[15] 朱吕民, 刘益军. 聚氨酯泡沫塑料 [M] . 第 3 版. 北京: 化学工业出版社, 2005.

[16] Pasban S, Raissi H, Mollania F. Solvent effects on the structural, electronic properties and intramolecular N-H-O hydrogen bond strength of 5-aminomethylene-pyrimidine-2, 4, 6 trion with DFT calculations [J] . Journal of Molecular Liquids, 2016, 215: 77-87.

[17] Tan S Q, Abraham T, Ference D, et al. Rigid polyurethane foams from a soybean oil-based Polyol [J]. Polymer, 2011, 52 (13): 2840-2846.

[18] Danowska M, Piszczyk L, Strankowski M, et al. Rigid polyurethane foams modified with selected layered silicate nanofillers [J]. Journal of Applied Polymer Science, 2013, 130 (4): 2272-2281.

[19] 刘佳生. 浅析硬质聚氨酯泡沫材料的发展与应用 [J]. 科技创新与应用, 2013 (13): 23.

[20] 何金迎. 硬质聚氨酯泡沫塑料的结构、形态与改性研究 [D]. 北京: 北京化工大学, 2013.

[21] 丁雪佳, 薛海蛟, 李洪波, 等. 硬质聚氨酯泡沫塑料研究进展 [J]. 化工进展, 2009, 28 (2): 278-282.

[22] 刘益军. 聚氨酯树脂及其应用 [M]. 北京: 化学工业出版社, 2012.

[23] 陈宣. 聚氨酯的应用和开发研究 [J]. 化工文摘, 2007 (1): 21-22.

[24] 伍毓强. 反应型含磷阻燃剂的合成及其在硬质聚氨酯泡沫塑料中的应用 [D]. 福州: 福建师范大学, 2016.

[25] Singh H, Jain A K. Ignition, combustion, toxicity, and fire retardancy of polyurethane foams: A comprehensive review [J]. Journal of Applied Polymer Science, 2008, 111 (2): 1115-1143.

[26] 刘益军. 聚氨酯硬泡在建筑保温中的应用 [A]. 中国聚氨酯工业协会第十一次年会论文集 [C]. 中国聚氨酯工业协会, 2002.

[27] 何凯, 陈可可, 郭明. 碱木质素-聚氨酯泡沫功能材料的制备、表征及性能 [J]. 浙江农林大学学报, 2012, 29 (2): 203-209.

[28] 杨晓慧, 周永红, 郭晓昕. 木质素在合成聚氨酯中的应用 [J]. 林产化学与工业, 2010, 30 (3): 115-120.

[29] 霍淑平, 陈健, 吴国民, 等. 腰果酚-木质素复合自催化型聚氨酯泡沫的制备及性能研究 [J]. 林产化学与工业, 2017, 37 (2): 115-120.

[30] Ciobanu C, Ungureanu M, Ignat L, et al. Properties of lignin-polyurethane films prepared by casting method [J]. Industrial Crops and Products, 2004, 20 (2): 231-241.

[31] Amaral J S, Sepúlveda M, Cateto C A, et al. Fungal degradation of lignin-based rigid polyurethane foams [J]. Polymer Degradation and Stability, 2012, 97 (10): 2069-2076.

[32] Xing W, Yuan H, Yang H, et al. Functionalized lignin for halogen-free flame retardant rigid polyurethane foam: preparation, thermal stability, fire performance and mechanical properties [J]. Journal of Polymer Research, 2013, 20 (9): 234.

[33] 靳帆, 方桂珍, 刘志明, 等. 麦草碱木质素聚氨酯薄膜的合成条件优化 [J]. 东北林业大学学报, 2007 (9): 73-74.

[34] 靳帆, 刘志明, 方桂珍, 等. 木质素聚氨酯薄膜合成条件及性能的研究 [J]. 生物质化学工程, 2007 (4): 27-30.

[35] 于菲, 刘志明, 方桂珍, 等. 碱木质素基硬质聚氨酯泡沫的合成及其力学性能表征 [J]. 东北林业大学学报, 2008, 36 (12): 64-65.

［36］ 于菲. 碱木质素基硬质聚氨酯泡沫制备及性能表征 ［D］. 哈尔滨：东北林业大学，2009.

［37］ 刘国胜，冯捷，郝建薇，等. 硬质聚氨酯泡沫塑料的阻燃、应用与研究进展 ［J］. 中国塑料，2011 （11）：5-9.

［38］ Chattopadhyay D K，Webster D C. Thermal stability and flame retardancy of polyurethanes ［J］. Progress in Polymer Science，2009，34 （10）：1068-1133.

［39］ Huh J H，Rahman M M，Kim H D. Properties of waterborne polyurethane/clay nanocomposite adhesives ［J］. Journal of Adhesion Science and Technology，2009，23 （5）：739-751.

［40］ Pinto U A，Visconye L L Y，Gallo J，et al. Mechanical properties of thermoplastic polyurethane elastomers （TPU） with mica and aluminum trihydrate （ATH） ［J］. European Polymer Journal，2001，37：1935-1937.

［41］ Thirumal M，Khastigr D，Nando G B. Halogen-free flame retardant PUF：effect of melamine compounds on mechanical，thermal and flame retardant properties ［J］. Polymer Degradation and Stability，2010，95：1138-1145.

［42］ Levchik S V，Weil E D. Thermal decomposition，combustion and fire-retardancy of polyurethanes-a review of the recent literature ［J］. Polymer International，2010，53 （12）：1901-1929.

［43］ Wang P S，Chiu W Y，Chen L W，et al. Thermal degradation behavior and flammability of polyurethanes blended with poly （bispropoxyphosphazene） ［J］. Polymer Degradation and Stability，1999，66 （3）：307-315.

［44］ Voorhees K J，Lattimer R P. Mechanisms of pyrolysis for a specifically labeled deuterated urethane ［J］. Journal of Polymer Science Part A：Polymer Chemistry，1982，20 （6）：1457-1467.

［45］ 邱贞慧，孙元宝，费逸伟. 军用硬质聚氨酯迷彩发泡材料阻燃性能研究 ［J］. 聚氨酯工业，2005，20 （3）：18-21.

［46］ Lu S Y，Hamerton I. Recent developments in the chemistry of halogen-free flame retardant polymers ［J］. Progress in Polymer Science，2002，27 （8）：1661-1712.

［47］ Chen L，Wang Y Z. A review on flame retardant technology in China. Part Ⅰ：development of flame retardants ［J］. Polymers for Advanced Technologies，2010，21 （1）：1-26.

［48］ Schartel B，Bartholmai M，Knoll U. Some comments on the main fire retardancy mechanisms in polymer nanocomposites ［J］. Polymers for Advanced Technologies，2006，17 （9-10）：772-777.

［49］ Bourbigot S，Le Bras M，Leeuwendal R，et al. Recent advances in the use of zinc borates in flame retardancy of EVA ［J］. Polymer Degradation and Stability，1999，64 （3）：419-425.

［50］ 高明，王涛，吴发超，等. 氨基树脂型膨胀阻燃剂处理软质聚氨酯泡沫塑料的阻燃性能 ［J］. 高分子材料科学与工程，2009，25 （1）：45-47.

［51］ 匡建新，徐玫，邓燕青. 卤系阻燃剂——机理、品种、应用 ［J］. 湖北化工，1986 （2）：

28-34.

[52] 杨伟平，戴震，许戈文．聚氨酯阻燃的研究进展 [J]．聚氨酯工业，2010（4）：66-70.

[53] 张晓光，王列平，宁斌科，等．聚氨酯泡沫塑料无卤阻燃技术的研究进展 [J]．化工进展，2012，31（7）：1521-1527.

[54] Lu S Y, Hamerton I. Recent developments in the chemistry of halogen-free flame retardant polymers [J]. Progress in Polymer Science, 2002, 27 (8): 1661-1712.

[55] 张立强，张猛，周永红，等．蓖麻油基阻燃多元醇的合成及在聚氨酯泡沫中的应用 [J]．林产化学与工业，2014，34（4）：66-70.

[56] 张汪强，郭刚，邱进俊，等．反应型磷氮复合阻燃多元醇制备聚氨酯阻燃硬泡及性能 [J]．高分子材料科学与工程，2015，31（9）：141-146.

[57] Yanchuk N I. Organic solvents as catalysts of formation of phosphorus-containing thiosemicarbazides [J]. Russian Journal of General Chemistry, 2006, 76 (8): 1236-1239.

[58] Sivriev C, Żabski L. Flame retarded rigid polyurethane foams by chemical modification with phosphorus-and nitrogen-containing polyols [J]. European Polymer Journal, 1994, 30 (4): 509-514.

[59] Li Q F, Feng Y L, Wang J W, et al. Preparation and properties of rigid polyurethane foam based on modified castor oil [J]. Plastics, Rubber and Composites, 2016, 45 (1): 16-21.

[60] 李兆星，段燕芳，刘小会．阻燃聚合物聚醚多元醇的合成及其阻燃性能的研究 [J]．聚氨酯工业，2011，26（4）：21-24.

[61] Modesti M, Zanella L, Lorenzetti A, et al. Thermally stable hybrid foams based on cyclophosphazenes and polyurethanes [J]. Polymer Degradation and Stability, 2005, 87 (2): 287-292.

[62] Paciorek-Sadowska J, Czupryński B, Liszkowska J. New polyol for production of rigid polyurethane-polyisocyanurate foams, Part 2: Preparation of rigid polyurethane-polyisocyanurate foams with the new polyol [J]. Journal of Applied Polymer Science, 2010, 118 (4): 2250-2256.

[63] Wazarkar K, Kathalewar M, Sabnis A. Improvement in flame retardancy of polyurethane dispersions by newer reactive flame retardant [J]. Progress in Organic Coatings, 2015, 87: 75-82.

[64] 李博．添加型阻燃剂对聚氨酯泡沫燃烧性能的影响 [J]．消防科学与技术，2014，33（9）：1055-1058.

[65] 王培文，郑富慧，刘毅，等．三聚氰胺对硬质聚氨酯泡沫塑料的阻燃与消烟作用 [J]．上海塑料，2014（2）：28-32.

[66] Wu D H, Zhao P H, Liu Y Q, et al. Halogen free flame retardant rigid polyurethane foam with a novel phosphorus——nitrogen intumescent flame retardant [J]. Journal of Applied Polymer Science, 2014, 131 (11): 39581.

[67] Chen X, Huo L, Jiao C, et al. TG-FTIR characterization of volatile compounds from flame

retardant polyurethane foams materials [J]. Journal of Analytical and Applied Pyrolysis, 2013, 100: 186-191.

[68] König A, Kroke E. Methyl-DOPO——a new flame retardant for flexible polyurethane foam [J]. Polymers for Advanced echnologies, 2011, 22 (1): 5-13.

[69] 张立强, 张猛, 周永红, 等. 阻燃剂 DOPO-FR 的合成及阻燃聚氨酯的性能研究 [J]. 中国塑料, 2013, 27 (11): 84-88.

[70] 秦桑路, 杨振国. 添加型阻燃剂对聚氨酯硬泡阻燃性能的影响 [J]. 高分子材料科学与工程, 2007 (4): 167-169.

[71] Pinto U A, Visconte L L Y, Gallo J, et al. Flame retardancy in thermoplastic polyurethane elastomers (TPU) with mica and aluminum trihydrate (ATH) [J]. Polymer Degradation and Stability, 2000, 69 (3): 257-260.

[72] 陶亚秋, 周云, 祝社民. 无卤添加型阻燃剂对硬质聚氨酯泡沫阻燃性能研究 [J]. 化工新型材料, 2012, 40 (8): 123-125.

[73] 刘源, 吴博, 胡泽宇, 等. 全水发泡聚氨酯/Al (OH)$_3$ 阻燃硬质泡沫的研究 [J]. 塑料工业, 2015, 43 (2): 89-93.

[74] 马蕊英, 赵亮, 王海洋, 等. 微胶囊红磷的制备及其在聚氨酯硬泡中的阻燃应用 [J]. 石油化工, 2013, 42 (9): 1014-1018.

[75] 薄宪明, 侯博, 胡翠兰, 等. 无卤阻燃剂 TU-1 在硬质聚氨酯泡沫中的应用 [J]. 中国塑料, 2000 (6): 69-71.

[76] Duquesne S, Le Bras M, Bourbigot S, et al. Mechanism of fire retardancy of polyurethanes using ammonium polyphosphate [J]. Journal of Applied Polymer Science, 2001, 82 (13): 3262-3274.

[77] 王一帆. 微胶囊聚磷酸铵用于全水发泡聚氨酯硬质泡沫阻燃性能研究 [D]. 成都: 西南石油大学, 2017.

[78] 杨旭锋, 曹阳, 张伟伟, 等. 次磷酸铝阻燃剂的合成及应用 [J]. 精细化工, 2014, 31 (1): 99-102.

[79] 唐刚. 聚乳酸/次磷酸盐复合材料的制备、阻燃机理以及烟气毒性研究 [D]. 合肥: 中国科学技术大学, 2013.

[80] Thirumal M, Khastgir D, Singha N K, et al. Effect of expandable graphite on the properties of intumescent flame-retardant polyurethane foam [J]. Journal of Applied Polymer Science, 2008, 110 (5): 2586-2594.

[81] Tarakcılar A R. The effects of intumescent flame retardant including ammonium polyphosphate/pentaerythritol and fly ash fillers on the physicomechanical properties of rigid polyurethane foams [J]. Journal of Applied Polymer Science, 2011, 120 (4): 2095-2102.

[82] Bian X C, Tang J H, Li Z M. Flame retardancy of hollow glass microsphere/rigid polyurethane foams in the presence of expandable graphite [J]. Journal of Applied Polymer Science, 2008, 109 (3): 1935-1943.

[83] Feng F, Qian L. The flame retardant behaviors and synergistic effect of expandable graphite

and dimethyl methylphosphonate in rigid polyurethane foams ［J］. Polymer Composites，2014，35（2）：301-309.

［84］ 毛晓琪. 阻燃硬质聚氨酯泡沫塑料的制备与性能［D］. 广州：华南理工大学，2014.

［85］ Xu W Z，Liu L，Wang S Q，et al. Synergistic effect of expandable graphite and aluminum hypophosphite on flame-retardant properties of rigid polyurethane foam ［J］. Journal of Applied Polymer Science，2015，132（47）：42842.

［86］ 高苏亮，鲍文波，季洋，等. IFR/AHP 和 IFR/EG 阻燃发泡聚氨酯的应用研究［J］. 塑料工业，2016，44（5）：133-136.

［87］ 吴翠玲，李新平，秦胜利. 纤维素溶剂研究现状及应用前景［J］. 中国造纸学报，2004（2）：176-180.

［88］ 詹怀宇. 纤维化学与物理［M］. 北京：科学出版社，2005.

［89］ 肖红，于伟东，施楣梧. 木棉纤维的微细结构研究——胞壁层次结构与原纤尺度［J］. 东华大学学报：自然科学版，2006（3）：85-90.

［90］ 吕昂，张俐娜. 纤维素溶剂研究进展［J］. 高分子学报，2007（10）：937-944.

［91］ 吴翠玲，李新平，秦胜利，等. 新型有机纤维素溶剂——NMMO 的研究［J］. 兰州理工大学学报，2005（2）：73-76.

［92］ McCormick C L，Callais P A. Derivatization of cellulose in lithium chloride and N,N-dime-thylacetamide solutions ［J］. Polymer，1987，28（13）：2317-2323.

［93］ 李琳，赵帅，胡红旗. 纤维素溶解体系的研究进展［J］. 纤维素科学与技术，2009（2）：69-75.

［94］ Lindman B，Karlström G，Stigsson L. On the mechanism of dissolution of cellulose ［J］. Journal of Molecular Liquids，2010，156（1）：76-81.

［95］ 郭明，虞哲良，李铭慧，等. 咪唑类离子液体对微晶纤维素溶解性能的初步研究［J］. 生物质化学工程，2006（6）：9-12.

［96］ Zhang H，Wu J，Zhang J，et al. 1-Allyl-3-methylimidazolium chloride room temperature ionic liquid：a new and powerful nonderivatizing solvent for cellulose ［J］. Macromolecules，2005，38（20）：8272-8277.

［97］ Kamida K，Okajima K，Matsui T，et al. Study on the solubility of cellulose in aqueous al-kali solution by deuteration IR and ^{13}C NMR ［J］. Polymer Journal，1984，16（12）：857-866.

［98］ Isogai A，Atalla R H. Dissolution of cellulose in aqueous NaOH solutions ［J］. Cellulose，1998，5（4）：309-319.

［99］ 刘淑娟，于善普，张桂霞. 氢氧化钠/尿素水溶液中纤维素均相接枝制备高吸水材料［J］. 弹性体，2003（5）：32-34.

［100］ Cai J，Zhang Lina. Unique gelation behavior of cellulose in NaOH/Urea aqueous solution ［J］. Biomacromolecules，2006，7（1）：183-189.

［101］ Mikkonen K S，Parikka K，Ghafar A，et al. Prospects of polysaccharide aerogels as mod-ern advanced food materials ［J］. Trends in Food Science & Technology，2013，34（2）：

124-136.

[102] Yang H, Sheikhi A, Tg V D V. Reusable green aerogels from crosslinked hairy nanocrystalline cellulose and modified chitosan for dye removal [J]. American Chemical Society, 2016, 32 (45): 11771-11779.

[103] 谢飞, 齐美洲, 代琛, 等. 纤维素溶剂的研究进展 [J]. 合成纤维, 2010, 39 (10): 11-15.

[104] 陈珍珍, 刘爱国, 李晓敏, 等. 微晶纤维素的特性及其在食品工业中的应用 [J]. 食品工业科技, 2014, 35 (4): 380-383.

[105] Caichao Wan, Yun Lu, Yue Jiao, et al. Fabrication of hydrophobic, electrically conductive and flame-resistant carbon aerogels by pyrolysis of regenerated cellulose aerogels [J]. Carbohydrate Ploymers, 2015, 118: 115-118.

[106] Gert E V, Torgashov V I, Zubets O V, et al. Preparation and properties of enterosorbents based on carboxylated microcrystalline cellulose [J]. Cellulose, 2005, 12 (5): 517-526.

[107] 高鹤, 梁大鑫, 李坚. 纤维素气凝胶材料的研究进展 [J]. 科技导报, 2016, 34 (19): 138-142.

[108] 张金明, 张军. 基于纤维素的先进功能材料 [J]. 高分子学报, 2010, (12): 1376-1398.

[109] 刘会茹, 刘猛帅, 张星辰, 等. 纤维素溶剂体系的研究进展 [J]. 材料导报, 2011, 25 (4): 136-139.

[110] 许日鹏, 江成真, 高绍丰. 离子液体 [Amim] Cl 中纤维素的溶解性能及纤维素再生成膜 [J]. 人造纤维, 2013, 43 (4): 2-5.

[111] Feng J, Nguyen S T, Fan Z, et al. Advanced fabrication and oil absorption properties of super-hydrophobic recycled cellulose aerogels [J]. Chemical Engineering Journal, 2015, 270: 168-175.

[112] 陶丹丹, 白绘宇, 刘石林, 等. 纤维素气凝胶材料的研究进展 [J]. 纤维素科学与技术, 2011, 19 (2): 64-75.

[113] Rossi B, Campia P, Merlini L, et al. An aerogel obtained from chemo-enzymatically oxidized fenugreek galactomannans as a versatile delivery system [J]. Carbohydrate Polymers, 2016, 144: 353-361.

[114] 吕昂, 张俐娜. 纤维素溶剂研究进展 [J]. 高分子学报, 2007, 1 (10): 937-944.

[115] 吕晓文, 李露, 林章碧, 等. 离子液体再生纤维素水凝胶的形成机理及其在凝胶电泳中的应用 [J]. 高分子学报, 2011, (9): 1026-1032.

[116] Bi Xiong, Pingping Zhao, Kai Hu. et al. Dissolution of cellulose in aqueous NaOH/urea solution: role of urea [J]. Cellulose, 2014, 21: 1183-1192.

[117] Maleki H, Durães L, García-González C A, et al. Synthesis and biomedical applications of aerogels: Possibilities and challenges. [J]. Advances in Colloid & Interface Science, 2016, 236: 1-27.

[118] 刘传富, 张爱萍, 李维英, 等. 纤维素在新型绿色溶剂离子液体中的溶解及其应用 [J]. 化学进展, 2009, 21 (9): 98-104.

[119] Zhiwei Jiang，Yan Fang，Junfeng Xiang，et al. Intermolecular interactions and 3D strue ture in Cellulose-NaOH-Urea aqueous system [J]．Physical Chemistry B，2014，118：10257-10260.

[120] 刘祝兰．基于 LiCl/DMSO 木质纤维全溶体系的木质素分离和木质纤维凝胶的制备 [D]．南京：南京林业大学，2015.

[121] 蒋志伟．NaOH/尿素（或硫脲）水溶剂中的氢键作用及其包合物结构 [D]．武汉：武汉大学，2014.

[122] 黄兴，冯坚，张思钊，等．纤维素基气凝胶功能材料的研究进展 [J]．材料导报，2016，30（7）：9-14，27.

[123] 卢芸，孙庆丰，于海鹏，等．离子液体中的纤维素溶解、再生及材料制备研究进展 [J]．有机化学，2010，30（10）：1593-1602.

[124] Shen X，Shamshina J L，Berton P, et al. Comparison of hydrogels prepared with Ionic Liq uid-Isolated vs commercial chitin and cellulose [J]．Acs Sustainable Chemistry & Engineering，2016，4（2）：471-480.

[125] Kim D L，Le N L，Nunes S P. The effects of a co-solvent on fabrication of cellulose acetate membranes from solutions in 1-ethyl-3-methylimidazolium acetate [J]．Journal of Membrane Science，2016，520：540-549.

[126] Hongli Cai. Wei Mu. Wei Liu, et al. Sol-gel synthesis highly porous titanium dioxide microspheres with cellulose nanofibrils-based aerogel templates [J]．Inorganic Chemistry Communications，2015，51：71-74.

[127] 王真，戴珍，赵宁，等．气凝胶材料研究的新进展 [J]．高分子通报，2013，（9）：50-55.

[128] 王飞，刘朝辉，叶圣天，等．SiO$_2$ 气凝胶保温隔热材料在建筑节能技术中的应用 [J]．表面技术，2016，45（2）：144-150.

[129] Nguyen S T，Feng J，Shao K N，et al. Advanced thermal insulation and absorption properties of recycled cellulose aerogels [J]．Colloids & Surfaces A Physicochemical & Engineering Aspects，2014，445（6）：128-134.

[130] Yu M，Li J，Wang L. KOH-activated carbon aerogels derived from sodium carboxymethyl cellulose for high-performance supercapacitors and dye adsorption [J]．Chemical Engineering Journal，2017，310：300-306.

[131] 张珺瑛．有机/无机杂化材料的制备及其在重金属水处理中的应用 [D]．兰州：西北师范大学，2014.

[132] 魏巍．新型无机气凝胶的制备及其吸附/光催化性能研究 [D]．镇江：江苏大学，2014.

[133] 林冲，张锡东，何边阳，等．疏水性纤维素气凝胶的制备及性能研究 [J]．海南大学学报：自然科学版，2015，33（4）：353-358.

[134] Dong H，Snyder J F，Tran D T，et al. Hydrogel, aerogel and film of cellulose nanofibrils functionalized with silver nanoparticles [J]．Carbohydrate Polymers，2013，95（2）：760-767.

[135] 肖正辉．炭气凝胶及其改性材料对重金属离子吸附的研究［D］．合肥：合肥工业大学，2014．

[136] 饶思奇，徐祖顺，路国红．磁性水凝胶的制备及其应用研究进展［J］．化工新型材料，2013，41（11）：187-189．

[137] 刘志明，谢成，王海英，等．纳米纤维素/磁性纳米球的原位合成及表征［J］．功能材料，2012，43（12）：1627-1631．

[138] 张维强，程乐华，鲁文胜．磁性纳米 Fe_3O_4@TiO_2 颗粒的制备及在污水治理中的应用［J］．巢湖学院学报，2013，15（3）：78-81．

[139] 周建华，王林本，孙根行．有机/无机纳米复合水凝胶的制备与应用［J］．材料导报，2014，28（13）：1-8．

[140] Kurihara T, Isogai A. Properties of poly（acrylamide）/TEMPO-oxidized cellulose nano-fibril composite films［J］. Cellulose, 2014, 21（1）：291-299.

[141] Liu J, Cheng F, Grénman H, et al. Development of nanocellulose scaffolds with tunable structures to support 3D cell culture［J］. Carbohydrate Polymers, 2016, 148：259-271.

[142] 戴磊．TEMPO 氧化纤维素纳米纤维的制备及应用研究进展［D］．无锡：江南大学，2015．

[143] 王华，何玉凤，何文娟，等．纤维素的改性及在废水处理中的应用研究进展［J］．水处理技术，2012，38（5）：7-12，29．

[144] 宁晶．纤维素水凝胶的改性及其对重金属离子的吸附的性能和机理研究［D］．济南：济南大学，2015．

[145] 徐媚，徐梦蝶，戴红旗，等．TEMPO 及其衍生物制备纳米纤维素及其智能调节方法的研究进展［J］．纤维素科学与技术，2013，21（1）：70-77．

[146] De Nooy A E J, Besemer A C, Van Bekkum H. Highly selective nitroxyl radical-mediated oxidation of primary alcohol groups in water-soluble glucans［J］. Carbohydr Res, 1995, 269：89-98.

[147] Habibi Y, Chanzy H, Vignon M R. TEMPO-mediated surface oxidation of cellulose whiskers［J］. Cellulose, 2006, 13（6）：679-687.

[148] Tanaka R, Saito T, Isogai A. Cellulose nanofibrils prepared from softwood cellulose by TEMPO/NaClO/NaClO$_2$ systems in water at pH 4.8 or 6.8［J］. International Journal of Biological Macromolecules, 2012, 51（3）：228-234.

[149] Hirota M, Tamura N, Saito T, et al. Oxidation of regenerated cellulose with NaClO$_2$, catalyzed by TEMPO and NaClO under acid-neutral conditions［J］. Carbohydrate Polymers, 2009, 78（2）：330-335.

[150] Saito T, Hirota M, Tamura N, et al. Individualization of nano-sized plant cellulose fibrils by direct surface carboxylation using TEMPO catalyst under neutral conditions［J］. Biomacromolecules, 2009, 10（10）：1992-6.

[151] Isobe N, Chen X, Kim U J, et al. TEMPO-oxidized cellulose hydrogel as a high-capacity and reusable heavy metal ion adsorbent［J］. Journal of Hazardous Materials, 2013, 260C

(1)：195-201.

[152] 赵东媛. 磁性核壳纳米材料的可控制备及其净水性能的研究 [D]. 河北：河北师范大学，2013.

[153] 张娣. 磁性纳米 Fe_3O_4 去除水环境中抗生素类物质的研究 [D]. 陕西：西北农林科技大学，2011.

[154] 王碧璇. 磁性纳米材料的制备及其对水体中微量污染物的吸附性能研究 [D]. 南昌：南昌航空大学，2013.

[155] Wan Ngah, Teong L C. Adsorption of dyes and heavy metal ions by chitosan composites：A review [J]. Carbohydrate Polymers，2011，83：1446-1456

[156] 吴鹏，刘志明. NCC 负载纳米 Fe_3O_4 磁膜材料的交替沉积自组装及表征 [J]. 纤维素科学与技术，2013，21（1）：1-8，22.

[157] 朱哲元. 磁性介孔材料的自组装合成及形貌调控 [D]. 大连：大连理工大学，2013.

[158] 韩文佳. 高密度植物纤维功能材料制备、性能和机理的研究 [D]. 广州：华南理工大学，2011.

[159] 汤烈贵，朱玉琴. 纤维素的功能材料 [J]. 功能材料，1995，26（2）：101-106.

[160] 陈家楠. 纤维素化学的现状与发展趋势 [J]. 纤维素科学与技术，1995，3（1）：1-10.

[161] 杨明山，杨丽庭，金日光. 纤维素膜、纤维素功能材料及纤维素医用材料的发展 [J]. 人造纤维，1998（6）：17-22.

[162] 唐爱民，梁文芷. 纤维素的功能化 [J]. 高分子通报，2000（4）：1-9.

[163] 张金明，张军. 基于纤维素的先进功能材料 [J]. 高分子学报，2010（12）：1376-1398.

[164] 黄建国. 从自然纤维素物质到新型功能材料 [J]. 功能材料信息，2013，10（4）：29-30.

[165] 刘志明. 纳米纤维素功能材料研究进展 [J]. 功能材料信息，2013，10（5-6）：35-42.

[166] 姬雷宾. 纤维素的先进功能材料分析 [J]. 科技与创新，2014（24）：20-21.

[167] 康宏亮，刘瑞刚，黄勇. 纤维素基功能材料的研究进展 [J]. 高分子通报，2016（9）：87-98.

[168] 任俊莉，彭新文，孙润仓，等. 半纤维素功能材料——水凝胶 [J]. 中国造纸学报，2011，26（4）：49-53.

[169] 高海龙，刘娜，傅英娟，等. 半纤维素功能材料的研究进展 [J]. 造纸科学与技术，2017，36（6）：24-28.

[170] 周帅，苗庆显，黄六莲，等. 半纤维素基功能材料的研究进展 [J]. 林产化学与工业，2017，37（6）：10-18.

[171] 中国林业科学研究院木材工业研究所木质功能材料研究室. 木质功能材料的创新与应用 [J]. 国际木业，2017（9）：36-38.

[172] 王引航，李伟，罗莎，等. 离子液体固载型功能材料的应用研究进展 [J]. 化学学报，2018，76（2）：85-94.

[173] 王成毓，翟相林，李坚. 气凝胶结构木材的物理性质 [J]. 东北林业大学学报，2008，36（11）：3-4，21.

[174] 王成毓，刘峰. 一种提高超疏水木材机械稳定性的方法 [J]. 中国工程科学，2014，16
　　　 (4)：79-82.

[175] 李经方，刘志明，廖平，等. 掺铈 TiO_2/纤维素复合气凝胶的制备及表征 [J]. 广东化
　　　 工，2017，44 (13)：29-30.

[176] 刘志明，吴鹏. 壳聚糖/纤维素气凝胶球的制备及其甲醛吸附性能 [J]. 林产化学与工
　　　 业，2017，37 (1)：27-35.

[177] 刘昕昕，刘志明. 疏水纤维素/氧化铁复合气凝胶的制备和表征 [J]. 纤维素科学与技
　　　 术，2015，23 (3)：22-28.

[178] 刘志明，吴鹏. 疏水性纤维素气凝胶球的制备及其吸附性能研究 [J]. 林产化学与工
　　　 业，2018，38 (1)：9-17.

[179] 张雪，刘志明，余慧，等. 纳米纤维素复合转光膜的制备及其应用进展 [J]. 广东化
　　　 工，2017，44 (7)：144-145.

[180] 徐睿，王海英，孙睿，等. 纳米纤维素阻燃膜的制备及阻燃性检测概述 [J]. 广州化
　　　 工，2012，40 (22)：8-9，28.

[181] 刘丽华，王海英，张施宇. 阻燃纳米二氧化硅气凝胶的仿生制备进展 [J]. 广州化工，
　　　 2013，41 (24)：15-16，28.

[182] 张志军. 氧浓度对阻燃纤维素燃烧特性的影响 [D]. 哈尔滨：东北林业大学，2007.

[183] 陈琳. 阻燃木材组分产烟性与其热解的关系 [D]. 哈尔滨：东北林业大学，2007.

[184] 蔡欣. NCC/APP/SiO_2 胶体的层层自组装及在 WPC 中的阻燃应用 [D]. 南京：南京林
　　　 业大学，2017.

[185] Elsabbagh A，Attia T，Ramzy A，et al. Towards selection chart of flame retardants for
　　　 natural fibre reinforced polypropylene composites [J]. Composites Part B：Engineering，
　　　 2018，141：1-8.

[186] 刘建初，王海英. 阻燃纤维素复合材料进展 [J]. 广东化工，2018，45 (10)：129-130.

[187] 周家兴. 碱木质素基阻燃聚氨酯泡沫的制备及阻燃性能 [D]. 哈尔滨：东北林业大
　　　 学，2018.

[188] Lee K，Wong L L C，Blaker J J，et al. Bio-based macroporous polymer nanocomposites
　　　 made by mechanical frothing of acrylated epoxidised soybean oil [J]. Green Chemistry，
　　　 2011，13 (11)：3117-3123.

[189] Boissard C I R，Bourban P，Tingaut P，et al. Water of functionalized microfibrillated cel-
　　　 lulose as foaming agent for the elaboration of poly (lactic acid) biocomposites [J]. Jour-
　　　 nal of Reinforced Plastics and Composites，2011，30 (8)：709-719.

[190] 何继敏. 聚合物发泡材料及技术 [M]. 北京：化学工业出版社，2008.

[191] Murali Mohan Y，Keshava Murthy P S，Mohana Raju K. Preparation and swelling behav-
　　　 ior of macroporous poly (acrylamide-co-sodium methacrylate) superabsorbent hydrogels
　　　 [J]. Journal of Applied Polymer Science，2006，101 (5)：3202-3214.

[192] 张建涛，黄世文，薛亚楠，等. PEG 作为成孔剂对聚 (*N*-异丙基丙烯酰胺-*co*-丙烯酸)
　　　 水凝胶性能的影响 [J]. 高分子学报，2006 (3)：418-423.

[193] Song K，Li W，Eckert Jr J O，et al. Generation of novel microstructures in rapidly foamed polybutylene terephthalate ［J］. Journal of Materials Science，1999，34（21）：5387-5395.

[194] Matuana L M，Faruk O，Diaz C A. Cell morphology of extrusion foamed poly（lactic acid）using endothermic chemical foaming agent ［J］. Bioresoure Technology，2009，100（23）：5947-5954.

[195] 陈浩，赵景左，刘娟，等. 泡沫塑料发泡剂的现状及展望 ［J］. 塑料科技，2009（2）：68-72.

[196] 吕咏梅. 发泡剂的研究现状与发展趋势 ［J］. 塑料科技，2004（6）：53-56.

[197] 王通文，王新龙，王佳辉. 红麻增强纤维素海绵研究 ［J］. 化工新型材料，2014（10）：167-170.

[198] Hausdor J，Link E，Hermanutz F. Absorbent cellulose fiber cloth ［P］. US，6281259，2001-06-28.

[199] Chevalier C，Chanzy H，Wertz J L. Method for manufacturing alveolate cellulosed products ［P］. US，6129867，1997-05-06.

[200] 李翠珍. 抗菌性纤维素海绵的制备研究 ［J］. 化工新型材料，2008（4）：84-85.

[201] 吴志红，昌康琪，王栋，等. 环境友好高吸水纤维素海绵的制备及影响工艺 ［J］. 高分子材料科学与工程，2016，32（1）：184-190.

[202] Nowottnick H，Hausdorf J，Schindler T，et al. Method for producing a cellulose sponge cloth，cellulose sponge cloth and use thereof ［P］. EP，EP2111146，2011.

[203] Deng M，Zhou Q，Du A，et al. Preparation of nanoporous cellulose foams from cellulose-ionic liquid solutions ［J］. Materials Letters，2009，63（21）：1851-1854.

[204] 杨海茹. 离子液体法纤维素海绵的研制 ［D］. 上海：东华大学，2013.

[205] 刘晓辉，杨海茹，张慧慧，等. NMMO 溶剂法纤维素海绵的制备及性能研究——成孔剂用量的影响 ［J］. 合成技术及应用，2014（2）：1-4，13.

[206] Tyagi V V，Buddhi D. PCM thermal storage in buildings：A state of art ［J］. Renewable and Sustainable Energy Reviews，2007，11（6）：1146-1166.

[207] Farid M M，Khudhair A M，Razack S A K，et al. A review on phase change energy storage：materials and applications ［J］. Energy Conversion and Management，2004，45（9-10）：1597-1615.

[208] 沈学忠，张仁元. 相变储能材料的研究和应用 ［J］. 节能技术，2006（5）：460-463.

[209] Sarı A，Biçer A，Karaipekli A. Synthesis，characterization，thermal properties of a series of stearic acid esters as novel solid-liquid phase change materials ［J］. Materials Letters，2009，63（13-14）：1213-1216.

[210] 赵杰，唐炳涛，张淑芬，等. 有机相变储能材料研究进展 ［J］. 中国科技论文，2010，5（9）：661-666.

[211] Su J，Liu P. A novel solid-solid phase change heat storage material with polyurethane block copolymer structure ［J］. Energy Conversion and Management，2006，47（18-19）：

3185-3191.

[212] Meng Q, Hu J. A poly (ethylene glycol) -based smart phase change material [J]. Solar Energy Materials and Solar Cells, 2008, 92 (10): 1260-1268.

[213] Li W, Ding E. Preparation and characterization of cross-linking PEG/MDI/PE copolymer as solid-solid phase change heat storage material [J]. Solar Energy Materials and Solar Cells, 2007, 91 (9): 764-768.

[214] 李金辉, 刘晓兰, 张荣军, 等. 新型相变储能材料研究进展 [J]. 化工新型材料, 2006 (8): 18-21.

[215] Fang G, Li H, Yang F, et al. Preparation and characterization of nano-encapsulated N-tetradecane as phase change material for thermal energy storage [J]. Chemical Engineering Journal, 2009, 153 (1-3): 217-221.

[216] Schossig P, Henning H, Gschwander S, et al. Micro-encapsulated phase-change materials integrated into construction materials [J]. Solar Energy Materials and Solar Cells, 2005, 89 (2-3): 297-306.

[217] Karaipekli A, Sarı A. Capric-myristic acid/expanded perlite composite as form-stable phase change material for latent heat thermal energy storage [J]. Renewable Energy, 2008, 33 (12): 2599-2605.

[218] 乔文静, 裴广玲. 静电纺丝法制备相变调温纤维及其性能 [J]. 功能高分子学报, 2011 (4): 376-381.

[219] 姜勇, 丁恩勇, 黎国康. 聚乙二醇/二醋酸纤维素相变材料的组成与储能性能间的关系 [J]. 高分子学报, 2000 (6): 681-687.

[220] 原小平, 丁恩勇. 纳米纤维素/聚乙二醇固-固相变材料的制备及其储能性能的研究 [J]. Journal of Cellulose Science and Technology, 2007 (2): 67-70.

[221] Han N, Li Z, Zhang X, et al. Synthesis and characterization of cellulose-g-polyoxyethylene (2) hexadecyl ether solid-solid phase change materials [J]. Cellulose, 2016, 23 (3): 1663-1674.

[222] 黄志钱, 汪欢欢, 寇彦平, 等. 纳米纤维素改性相变储能材料的制备与表征 [J]. 热固性树脂, 2014 (6): 30-33.

[223] Feczkó T, Kardos A F, Németh B, et al. Microencapsulation of n-hexadecane phase change material by ethyl cellulose polymer [J]. Polymer Bulletin, 2014, 71 (12): 3289-3304.

[224] Liu Z, Xie C, Wu P. Preparation and performance of phase transition energy storage for nano-porous NCC/PEG aerogel [J]. Journal of Bioprocess Engineering and Biorefinery, 2012, 1 (2): 198-201.

[225] 谢成, 刘志明, 吴鹏, 等. 多孔纤维素/聚乙二醇相变粉体的制备及表征 [J]. 纤维素科学与技术, 2013 (1): 35-42.

[226] 谢成, 刘志明, 吴鹏, 等. 聚乙二醇木材复合相变储能材料的制备及表征 [J]. 林业科学, 2012 (9): 120-126.

［227］ 韩欢热，吴强，傅深渊．PEG/CNFs 相变储能材料非等温结晶动力学研究 ［J］．塑料科技，2014（10）：35-40.

［228］ Qian T，Li J，Feng W，et al. Enhanced thermal conductivity of form-stable phase change composite with single-walled carbon nanotubes for thermal energy storage ［J］. Scientific Reports，2017，7：44710.

［229］ Tang B，Qiu M，Zhang S. Thermal conductivity enhancement of PEG/SiO$_2$ composite PCM by in situ Cu doping ［J］. Solar Energy Materials and Solar Cells，2012，105（19）：242-248.

［230］ Deng Y，Li J，Qian T，et al. Thermal conductivity enhancement of polyethylene glycol/expanded vermiculite shape-stabilized composite phase change materials with silver nanowire for thermal energy storage ［J］. Chemical Engineering Journal，2016，295：427-435.

［231］ Tang B，Wu C，Qiu M，et al. PEG/SiO$_2$-Al$_2$O$_3$ hybrid form-stable phase change materials with enhanced thermal conductivity ［J］. Materials Chemistry and Physics，2014，144（1-2）：162-167.

［232］ Tang B，Wei H，Zhao D，et al. Light-heat conversion and thermal conductivity enhancement of PEG/SiO$_2$ composite PCM by in situ Ti$_4$O$_7$ doping ［J］. Solar Energy Materials and Solar Cells，2017，161：183-189.

［233］ Li J F，Lu W，Zeng Y B，et al. Simultaneous enhancement of latent heat and thermal conductivity of docosane-based phase change material in the presence of spongy graphene ［J］. Solar Energy Materials and Solar Cells，2014，128（9）：48-51.

［234］ Zhong Y，Zhou M，Huang F，et al. Effect of graphene aerogel on thermal behavior of phase change materials for thermal management ［J］. Solar Energy Materials and Solar Cells，2013，113（113）：195-200.

［235］ Ji H，Sellan D P，Pettes M T，et al. Enhanced thermal conductivity of phase change materials with ultrathin-graphite foams for thermal energy storage ［J］. Energy and Environmental Science，2014，7（3）：1185-1192.

［236］ 杨宪宁，谢永奇，余建祖，等．泡沫铜相变材料在运血车中的储能应用研究 ［J］．制冷学报，2011（2）：58-62.

［237］ Harith I K. Study on polyurethane foamed concrete for use in structural applications ［J］. Case Studies in Construction Materials，2018，8：79-86.

［238］ Ferkl P，Kršková I，Kosek J. Evolution of mass distribution in walls of rigid polyurethane foams ［J］. Chemical Engineering Science，2018，176：50-58.

［239］ Stazi F，Tittarelli F，Saltarelli F，et al. Carbon nanofibers in polyurethane foams：Experimental evaluation of thermo-hygrometric and mechanical performance ［J］. Polymer Testing，2018，67：234-245.

［240］ 张雷，吕闪闪，孙策，等．植物纤维增强聚乳酸基复合材料研究进展 ［J］．塑料科技，2018，46（2）：79-84.

［241］ 吴清林，梅长彤，韩景泉，等．纳米纤维素制备技术及产业化现状 ［J］．林业工程学

报，2018，3（1）：1-9.

[242] 黄建国．从自然纤维素物质到新型功能材料［J］．功能材料信息，2013，10（4）：29-30.

[243] 刘志明．纳米纤维素功能材料研究进展［J］．功能材料信息，2013，10（5/6）：35-42.

[244] 张志军．氧浓度对阻燃纤维素燃烧特性的影响［D］．哈尔滨：东北林业大学，2007.

[245] 蔡欣．NCC/APP/SiO$_2$ 胶体的层层自组装及在 WPC 中的阻燃应用［D］．南京：南京林业大学，2017.

[246] 孙才英，董子琳，董懿嘉，等．阻燃剂甲基膦酸二甲酯对硬质聚氨酯泡沫性能的影响［J］．塑料科技，2017，45（3）：90-94.

[247] 杜金泽．有机醇共溶剂制备水滑石及其在阻燃纤维素中的应用［D］．湘潭：湘潭大学，2016.

[248] 王可．耐高温阻燃硅-铝-纤维素共混粘胶纤维的研制与开发［D］．天津：天津工业大学，2017.

[249] 孟勇伟．阻燃剂处理对 Lyocell 纤维结构与性能的影响［D］．上海：东华大学，2016.

[250] 杨少丽，刘志明．竹浆纳米纤维素制备工艺优化分析［J］．广东化工，2012，39（15）：66-67，69.

[251] 刘志明，杨少丽．PVA/NCC-金胺 O/PVA 复合荧光膜的制备和表征［J］．化工新型材料，2013，41（11）：149-151.

[252] 于菲．碱木质素基硬质聚氨酯泡沫制备及性能表征［D］．哈尔滨：东北林业大学，2009.

[253] 于菲，刘志明，方桂珍，等．碱木质素基硬质聚氨酯泡沫的合成及其力学性能表征［J］．东北林业大学学报，2008，136（12）：64-65.

[254] 梁继才，林琳，李义，等．水加入量对全水聚氨酯泡沫塑料性质的影响［J］．高分子材料科学与工程，2010，26（6）：40-43.

[255] 武卫，李飞飞，胡迪江，等．发泡聚氨酯注浆料配合比理论研究［J］．新型建筑材料，2010（7）：70-72.

[256] 唐启恒，方露，郭文静．聚磷酸铵对竹/聚丙烯纤维复合毡增强酚醛树脂基复合材料性能的影响［J］．林业工程学报，2018，3（2）：77-81.

[257] 周自清．浅谈国家标准（GB12009.4）多亚甲基多苯基异氰酸酯中异氰酸根含量的测定［J］．聚氨酯工业，1994（1）：41-42.

[258] 周红萍，温茂萍，李丽，等．聚氨酯泡沫塑料在压缩加载过程的红外辐射研究［J］．红外技术，2009，31（11）：672-675.

[259] 郭亚明．聚异氰脲酸酯-噁唑烷酮改性硬质聚氨酯泡沫［D］．北京：北京化工大学，2012.

[260] 黄珺．天然纤维素清洁浆料近红外快速检测方法研究［D］．北京：北京化工大学，2013.

[261] 孙柏玲．基于红外光谱的慈竹材性预测及其竹原纤维识别研究［D］．北京：中国林业科学研究院，2012.

[262] 刘洁，刘志明．成孔剂 Na$_2$SO$_4$ 的用量对纤维素海绵性能的影响［J］．纤维素科学与技

术，2017，25（4）：31-35，41.

[263] Nelson M L，O'Connor R T. Relation of certain infrared bands to cellulose crystallinity and crystal latticed type. Part Ⅰ. Spectra of lattice types Ⅰ，Ⅱ，Ⅲ and of amorphous cellulose [J]. Journal of Applied Polymer Science，1964，8：1311-1324.

[264] 刘建初，王雪，刘志明. 聚氨酯/纳米纤维素/聚磷酸铵泡沫的制备与表征 [J]. 塑料科技，2019，47（2）：35-39.

[265] 杨少丽. 再生纤维素球形复合气凝胶的制备及光催化性能研究 [D]. 哈尔滨：东北林业大学，2015.

[266] 刘宏治，陈宇飞，耿璧垚，等. 纤维素基气凝胶型吸油材料的研究进展 [J]. 高分子学报，2016，（5）：545-559.

[267] Liu P，Oksman K，Mathew A P. Surface adsorption and self-assembly of Cu(Ⅱ) ions on TEMPO-oxidized cellulose nanofibers in aqueous media [J]. Journal of Colloid & Interface Science，2015，464：175-182.

[268] Demilecamps A，Alves M，Rigacci A，et al. Nanostructured interpenetrated organic-inorganic aerogels with thermal superinsulating properties [J]. Journal of Non-Crystalline Solids，2016，452：259-265.

[269] 姚文润，徐清华，靳丽强，等. TEMPO/NaBr/NaClO 氧化对纳米微晶纤维素性能的影响 [J]. 林产化学与工业，2015，35（2）：31-37.

[270] 吴鹏，刘志明，李坚. TEMPO 催化氧化对球形再生纤维素气凝胶阳离子吸附性能的影响 [J]. 功能材料，2014，45（18）：18031-18035.

[271] 钱荣敬. TEMPO 媒介氧化体系对纤维素的选择性氧化及其应用研究 [D]. 广州：华南理工大学，2011.

[272] 魏春蓉. 超声强化 TEMPO 氧化和降解微晶纤维素的研究 [D]. 广西：广西大学，2015.

[273] 胡淑婉，李文军，常志东，等. 磁性碳纳米管吸附去除水中甲基橙的研究 [J]. 光谱学与光谱分析，2011，31（1）：207-211.

[274] 吴鹏，刘志明. 海藻酸钠-纤维素水凝胶球的制备与应用 [J]. 功能材料，2015，46（10）：10144-10147，10152.

[275] 张帆，李菁，谭建华，等. 吸附法处理重金属废水的研究进展 [J]. 化工进展，2013，32（11）：2749-2756.

[276] 华蓉. 磁性水凝胶的制备及其对重金属的吸附研究 [D]. 南京：南京大学，2014.

[277] 吴宁梅. 新型水凝胶的制备及其对重金属的吸附研究 [D]. 南京：南京大学，2013.

[278] Maleki H. Recent advances in aerogels for environmental remediation applications：A review [J]. Chemical Engineering Journal，2016，300：98-118.

[279] Dong C，Zhang F，Pang Z，et al. Efficient and selective adsorption of multi-metal ions using sulfonated cellulose as adsorbent [J]. Carbohydrate Polymers，2016，151：230-236.

[280] Luo X，Zeng J，Liu S，et al. An effective and recyclable adsorbent for the removal of heavy metal ions from aqueous system：Magnetic chitosan/cellulose microspheres [J]. Biore-

source Technology, 2015, 194: 403-406.

[281] 严秋钫. 磁性纤维素材料的制备与应用 [D]. 无锡: 江南大学, 2014.

[282] 包维维. 吸附材料的制备及其对重金属离子和染料吸附性能研究 [D]. 吉林: 吉林大学, 2013.

[283] 李学良, 吴以洪, 肖正辉, 等. 球状碳气凝胶基磁性吸附材料制备 [J]. 金属功能材料, 2013, 20 (2): 12-15.

[284] 李婧. 选择性氧化改性纤维素凝胶的制备及其特性研究 [D]. 哈尔滨: 东北林业大学, 2017.

[285] 胡沁, 涂新星, 马敬红, 等. 冷冻干燥过程中热传递对淀粉海绵孔洞结构的影响 [J]. 材料导报, 2010 (S1): 401-404.

[286] Góes M M, Keller M, Masiero Oliveira V, et al. Polyurethane foams synthesized from cellulose-based wastes: Kinetics studies of dye adsorption [J]. Industrial Crops and Products, 2016, 85: 149-158.

[287] 丁晔, 张文清, 金鑫荣. 壳聚糖复合海绵材料的制备及性能 [J]. 中国医药工业杂志, 2008, 39 (7): 517-519.

[288] 陈文帅, 王宇舒, 于海鹏, 等. 一种纳米纤维素/壳聚糖复合泡沫的制备方法 [P]. 2015-04-29.

[289] Habibi Y, Lucia L A, Rojas O J. Cellulose nanocrystals: Chemistry, self-assembly, and applications [J]. Chemical Reviews, 2010, 110 (6): 3479-3500.

[290] 李翠珍, 胡开堂, 余志伟. 海绵状纤维素制品的研究进展 [J]. 林产化学与工业, 2003 (3): 93-96.

[291] Cai J, Zhang L. Rapid dissolution of cellulose in LiOH/Urea and NaOH/Urea aqueous solutions [J]. Macromolecular Bioscience, 2005, 5 (6): 539-548.

[292] 马书荣, 米勤勇, 余坚, 等. 基于纤维素的气凝胶材料 [J]. 化学进展, 2014 (5): 796-809.

[293] 金二锁, 杨芳, 朱阳阳, 等. 碱处理后纤维素纳米晶体的 XRD、FT-IR 和 XPS 分析 [J]. 纤维素科学与技术, 2016 (3): 1-6.

[294] Zalba B, Mar N J M, Cabeza L F, et al. Review on thermal energy storage with phase change: materials, heat transfer analysis and applications [J]. Applied Thermal Engineering, 2003, 23 (3): 251-283.

[295] 朱洪洲, 李菁若, 刘可, 等. 不同分子量聚乙二醇/二氧化硅定型相变材料的性能 [J]. 高分子材料科学与工程, 2013 (8): 42-45.

[296] 董颖慧, 高安琪, 李玲. 纳米 Ag 掺杂 SiO_2/PEG 相变储能材料性能研究 [J]. 化工新型材料, 2016, 44 (3): 169-174.

[297] 周晓明. PEG/PVA 高分子固-固相变储能材料的制备 [J]. 合成树脂及塑料, 2009, 26 (3): 29-32.

[298] 张梅, 刘永佳, 栾加双, 等. PEG/PVA 相变复合纳米纤维的制备及其性能研究 [J]. 功能材料, 2012, 43 (2): 185-189.

[299] French A D. Idealized powder diffraction patterns for cellulose polymorphs [J]. Cellulose, 2014, 21 (2): 885-896.

[300] Jin E, Guo J, Yang F, et al. On the polymorphic and morphological changes of cellulose nanocrystals (CNC-I) upon mercerization and conversion to CNC-II [J]. Carbohydrate Polymers, 2016, 143: 327-335.

[301] 张小平, 赵孝彬, 杜磊, 等. 固体填料对聚乙二醇结晶性的影响 [J]. 高分子学报, 2004 (3): 388-393.

[302] 任婉婷, 王颖. 功率补偿式 DSC 曲线的理论分析 [J]. 纺织学报, 2010 (1): 11-18.

[303] 丁恩勇, 梁学海. Dsc 曲线各特征点的物理意义以及相变热焓的广义 Sepil 公式的推导 [J]. 广州化学, 1995 (01): 1-7.

[304] Chai L, Wang X, Wu D. Development of bifunctional microencapsulated phase change materials with crystalline titanium dioxide shell for latent-heat storage and photocatalytic effectiveness [J]. Applied Energy, 2015, 138: 661-674.

[305] Wang X, Wei Q, Li J, et al. Preparation of $NiSe_2/TiO_2$ nanocomposite for photocathodic protection of stainless steel [J]. Materials Letters, 2016, 185: 443-446.

[306] Zhang H, Wang L L. Study on the properties of woolen fabric treated with chitosan/TiO_2 sol [J]. The Journal of The Textile Institute, 2010, 101 (9): 842-848.

[307] 刘洁. 纤维素海绵及其复合相变储能材料的制备及性能研究 [D]. 哈尔滨: 东北林业大学, 2018.